职业教育计算机类专业融媒体教材

"十三五"江苏省高等学校重点教材（教材编号：2021-2-031）

Web前端开发案例教程

——HTML5+CSS3+JavaScript+jQuery

主　编　王得燕　刘培林

副主编　杨文珺

参　编　赵　吉　聂章龙　程　成

机 械 工 业 出 版 社

本书以基础知识、实战举例、综合案例相结合的方式，按照认知规律由浅入深详细讲述了 HTML5、CSS3、JavaScript 和 jQuery 及目前最新的前端技术。本书共 9 个单元，主要内容包括网站开发概述、HTML5 常用标签、用户信息注册页面——HTML5 表格和表单、CSS3 基础知识、常规网页布局设计——CSS3 高级应用、可验证的注册页——JavaScript 语法基础、BOM 与 DOM——JavaScript 对象模型与事件、网页常见效果——jQuery 库、综合案例——设计电子图书网站的首页。

本书适合作为高等职业院校计算机类专业的教学用书，也可用于"1+X"Web 前端开发职业技能等级证书的教学和培训，还可以作为从事 Web 前端开发人员的自学参考书。

本书配有教案、PPT 课件、微课视频、程序源代码、课后习题等丰富的教学资源，凡选用本书作为授课教材的教师，可登录机械工业出版社教育服务网（www.cmpedu.com）注册后免费下载，或联系编辑（010-88379807）咨询。

图书在版编目（CIP）数据

Web前端开发案例教程：HTML5+CSS3+JavaScript+jQuery / 王得燕，刘培林主编. —北京：机械工业出版社，2022.6（2024.8重印）

职业教育计算机类专业融媒体教材

ISBN 978-7-111-70899-5

Ⅰ．①W… Ⅱ．①王… ②刘… Ⅲ．①超文本标记语言—程序设计—高等职业教育—教材 ②网页制作工具—高等职业教育—教材 ③JAVA语言—程序设计—高等职业教育—教材 Ⅳ．①TP312.8 ②TP393.092.2

中国版本图书馆CIP数据核字（2022）第094974号

机械工业出版社（北京市百万庄大街22号　邮政编码100037）

策划编辑：李绍坤　　　　　　　责任编辑：李绍坤
责任校对：张亚楠　张　薇　　　封面设计：马精明
责任印制：刘　媛

涿州市般润文化传播有限公司印刷

2024 年 8 月第 1 版第 3 次印刷

184mm×260mm · 16.5 印张 · 395 千字

标准书号：ISBN 978-7-111-70899-5

定价：55.00 元

电话服务　　　　　　　　　　　网络服务

客服电话：010-88361066　　　　机　工　官　网：www.cmpbook.com
　　　　　010-88379833　　　　机　工　官　博：weibo.com/cmp1952
　　　　　010-68326294　　　　金　书　网：www.golden-book.com

封底无防伪标均为盗版　　　　　机工教育服务网：www.cmpedu.com

前　言

近几年，随着互联网行业和数字化经济的高速发展，海量的平台开发工作形成巨大的人才缺口，尤其是 Web 前端、移动端 HTML5 开发人才紧缺。本书以培养前端工程师为目标，立足前端工程师工作岗位所必须具备的素质，包括熟知页面布局、熟练使用样式美化、掌握 JavaScript 基础、熟悉 jQuery 库，能够使用 HTML5+CSS3 开发出绚丽的交互效果。

本书融合了编者多年的教学实践和改革经验，全面讲解了 Web 前端开发的知识。本书具有以下特点：

1）注重价值引领，将专业教育与思政教育相融合，强化育人功能，通过素材选取的方法，指导教师在进行不同知识点讲解时，选用优质载体，开展课程思政，对其中蕴含的价值进行引导和适时传递，寓价值观于知识传授中。

2）围绕互联网及新兴技术行业对 Web 前端开发技术的要求，追踪网站前端设计技术发展趋势，吸收企业技术骨干参与教材编写，将新技术、岗位技能要求以及《Web 前端开发职业技能等级标准》有关内容融入本书中。

3）本书是一本能"操作"的图书，精心设计知识点，每个知识点对应一个真实的网站开发案例，教材编写体例为知识点 + 实战举例 + 综合案例，举一反三，力求使读者"知其然，知其所以然"。

4）每个单元用思维导图进行总结，同时配有习题和拓展实训，便于学生总结提高，也便于教师检验学习效果。

5）本书按照新型一体化教材标准配套建设教材资源，资源丰富，提供教案、PPT 课件、微课视频、程序源代码、课后习题等。建有在线开放课程，方便教师教学和学生预习、复习。

本书共 9 个单元：单元 1 为网站开发概述，介绍了 HTML、CSS、JavaScript 的发展历史，介绍了 HTML 常用开发工具以及 Web 项目开发入门。

单元 2 和 3 为 HTML5 部分，分别介绍了文本、列表、分隔线、图片、超链接、多媒体、meta 等常用标签，介绍了表格和表单，完成用户信息注册页面开发。

单元 4 和 5 为 CSS3 部分，分别介绍了 CSS3 的基本概念、选择器、字体样式和文本属性、背景属性，介绍了常规网页布局中的盒子模型、浮动、定位、弹性布局、变形与动画等，完成电子图书网站首页布局设计和导航栏、固定客服区域、快捷导航栏、商品陈列等常见 CSS3 应用。

单元 6 和 7 为 JavaScript 部分，分别介绍了 JavaScript 的基础知识、变量和运算符、数组、对象、程序结构、函数、正则表达式、BOM 操作和 DOM 操作、事件处理，完成用户注册信息正则验证。

单元 8 为 jQuery 库，介绍了 jQuery 的基础知识、选择器、AJAX 基础知识，完成选项卡、图片轮播、图片左右滚动、div 自适应窗口高度、下拉菜单等常见效果和动画。

单元 9 是一个综合案例，实现了电子图书网站的首页的制作。从头部到中间主体区域再到底部的实现全部采用前面 8 个单元所学技术，将全书的知识点进行了串联。学生完成这个综合项目后，能大大提升整体性 Web 前端设计与开发体验。

本书可用于 32、48、64 课时的教学，详见下表安排，不同课时的教学计划以及课件、程序等相关资源可以从机械工业出版社教育服务网（www.cmpedu.com）下载。

课时安排建议

单元内容	32 课时	48 课时	64 课时
单元 1　网站开发概述	1	1	2
单元 2　HTML5 常用标签	3	3	4
单元 3　用户信息注册页面 ——HTML5 表格和表单	4	4	6
单元 4　CSS3 基础知识	4	4	8
单元 5　常规网页布局设计 ——CSS3 高级应用	8	14	14
单元 6　可验证的注册页 ——JavaScript 语法基础	2	8	10
单元 7　BOM 与 DOM ——JavaScript 对象模型与事件	0	4	4
单元 8　网页常见效果 ——jQuery 库	8	8	14
机动	2	2	2
合计	32	48	64
单元 9　综合案例 ——设计电子图书网站的首页	课程设计一周		

本书由无锡职业技术学院王得燕、刘培林任主编，杨文珺任副主编，无锡城市职业技术学院赵吉、常州信息职业技术学院聂章龙、中国船舶科学研究中心程成参加编写。其中，单元 2、单元 5 和单元 9 由王得燕编写，单元 4 由杨文珺编写，单元 3 由赵吉编写，单元 1 由聂章龙编写，单元 6 和单元 7 由刘培林编写，单元 8 由程成编写。全书由王得燕统稿，由杨文珺审核。

在编写本书的过程中，黄心怡、蔡海林、马龙剑、李康、谢含洁等同学对书中的程序进行多轮交叉调试，在此对他们的辛勤付出表示感谢。

由于编者水平有限，书中难免出现疏漏或不足之处，敬请读者批评指正。

编　者

二维码索引

序号	视频名称	二维码	页码	序号	视频名称	二维码	页码
1	Web 前端设计与开发课程导学		1	8	2.8 meta 标签		31
2	2.1 文本标签		10	9	单元2 单元总结		33
3	2.2 列表标签		16	10	8.1 jQuery 介绍		198
4	2.3-2.4 分隔线、图片标签		20	11	8.2 jQuery 选择器 - 基本选择器		203
5	2.5 超链接标签		22	12	8.2 jQuery 选择器 - 层级选择器		204
6	2.6 多媒体标签		26	13	8.2 jQuery 选择器 - 过滤选择器之简单过滤选择器和内容过滤选择器		208
7	2.7 标签类型		28	14	8.2 jQuery 选择器 - 过滤选择器之可见性过滤选择器		211

（续）

序号	视频名称	二维码	页码	序号	视频名称	二维码	页码
15	8.2 jQuery 选择器 – 过滤选择器之属性过滤选择器、子元素过滤选择器、表单选择器		213	19	8.4 jQuery 常见动画 – 下拉菜单动画		228
16	8.3 jQuery 常见效果 – 菜单打开折叠效果		220	20	8.5 jQuery AJAX		230
17	8.3 jQuery 常见效果 – 图片放大效果		222	21	单元8 单元总结		234
18	8.4 jQuery 常见动画 – 图片左右滚动动画		226				

目 录

单元 4　CSS3 基础知识

单元 5　常规网页布局设计 —— CSS3 高级应用

单元 6　可验证的注册页 —— JavaScript 语法基础

单元 7　BOM 与 DOM —— JavaScript 对象模型与事件

单元 8　网页常见效果 —— jQuery 库

单元 9　综合案例 —— 设计电子图书网站的首页

参考文献

单元 1
网站开发概述

扫码看视频

学习目标

1. 知识目标

（1）了解 HTML、CSS、JavaScript 发展历史；

（2）了解 HTML 常用开发工具；

（3）掌握并熟练使用 HBuilderX 工具；

（4）掌握并熟练新建项目。

2. 能力目标

（1）能使用 HBuilder 创建一个 Web 项目；

（2）能使用 HTML 设计一个网页并运行。

3. 素质目标

（1）具有质量意识、安全意识、工匠精神和创新思维；

（2）熟悉软件开发流程和规范，具有良好的编程习惯。

本单元主要介绍 HTML、CSS、JavaScript 的发展历史，jQuery 的介绍将在单元 8 展开。通过一个 Web 项目的构建，使读者对 HTML 常用开发工具和 HTML 文档结构有基本了解。

1.1 HTML 发展历史

超文本标记语言（Hypertext Markup Language，HTML）是为"网页创建和其他可在网页浏览器中看到的信息"设计的一种标记语言。HTML 文档在浏览器上运行，并由浏览器解析。

HTML 1.0——在 1993 年 6 月作为互联网工程工作小组（IETF）工作草案发布（并非标准）。

HTML 2.0—— 1995 年 11 月作为 RFC 1866 发布，于 2000 年 6 月在 RFC 2854 发布之后被宣布已经作废。

HTML 3.2——1996 年 1 月 14 日，W3C 推荐标准。

HTML 4.0——1997 年 12 月 18 日，W3C 推荐标准。

HTML 4.01——1999 年 12 月 24 日，W3C 推荐标准。

HTML 5——2008 年 1 月 22 日，WHATWG 公布，目前仍在继续完善。

ISO/IEC 15445:2000（"ISO HTML"）——2000 年 5 月 15 日发布，基于严格的 HTML 4.01 语法，是国际标准化组织和国际电工委员会的标准。

XHTML 1.0——可扩展超文本语言（eXtensible Hypertext Markup Language，XHTML），2000 年 1 月 26 日，W3C 推荐标准，后来经过修订于 2002 年 8 月 1 日重新发布。

1.2　CSS 发展历史

CSS（Cascading Style Sheets）为级联样式表，也被称为层叠样式表。层叠就是样式可以层层叠加。CSS 是一种表现语言，是对网页结构语言的补充。CSS 主要用于网页的风格设计，包括字体、颜色、位置、布局等方面的设计。在 HTML 网页中加入 CSS，可以使网页展现更丰富的内容。

1994 年，Hkon Wium Lie 提出了 CSS 想法，联合当时正在设计 Argo 浏览器的 Bert Bos，一起合作设计 CSS，于是创造了 CSS 的最初版本。紧接着，他们在芝加哥的 Mosaic and the Web 大会上第一次正式提出了 CSS，1995 年他们再次展示了 CSS。当时 W3C 刚刚建立，W3C 对 CSS 很感兴趣，为此专门组织了一次讨论会。

1996 年 12 月，W3C 推出了 CSS 规范的第一个版本。1997 年，W3C 颁布 CSS 1.0 版本，较全面地规定了文档的显示样式，可分为选择器、样式属性、伪类 / 对象几个部分。这一规范立即引起了各方的关注，随即微软和网景公司的浏览器均能支持 CSS 1.0，这为 CSS 的发展奠定了基础。

1998 年 5 月，W3C 发布了 CSS 的第二个版本，目前的主流浏览器都采用这一标准。CSS2 的规范是基于 CSS1 设计的，包含了 CSS1 的所有功能，并扩充和改进了很多更加强大的属性。包括选择器、位置模型、布局、表格样式、媒体类型、伪类、光标样式。

2005 年 12 月，W3C 开始 CSS3 标准的制定，到目前为止该标准还没有最终定稿，但是业界已经广泛使用。CSS3 的优势是能够使网站变得非常酷炫。CSS3 能够代替之前需要用 JavaScript、jQuery 才能实现的交互效果，为用户带来更好的体验，特别是针对移动端界面。

1.3　JavaScript 发展历史

JavaScript 诞生于 1995 年。起初它的主要目的是处理由服务器端负责的一些表单验证。在当时，用户填写完一个表单单击提交，需要等待几十秒的验证时间，漫长等待后如果服务器反馈某个地方填错了，用户就可能很崩溃。如果能在客户端完成一些基本的验证就可以减少等待时间。当时走在技术革新最前沿的 Netscape（网景）公司决定着手开发一种客户端语言，用来处理这种简单的验证。当时就职于 Netscape 公司的布兰登·艾奇开始计划将 1995 年 2 月发布的 LiveScript 同时在浏览器和服务器中使用。为了赶在发布日期前完成 LiveScript 的开发，Netscape 与 Sun 公司成立了一个开发联盟。而此时，

Netscape 为了搭上 Java 热度的顺风车，临时把 LiveScript 改名为 JavaScript，所以从本质上来说 JavaScript 和 Java 没什么关系。

JavaScript 1.0 获得了巨大的成功，Netscape 随后在 Netscape Navigator 3（网景浏览器）中发布了 JavaScript 1.1。之后作为竞争对手的微软在自家的 IE3 中加入了名为 JScript（名称不同是为了避免侵权）的 JavaScript。而此时市面上意味着有 3 个不同的 JavaScript 版本，IE 的 JScript、网景的 JavaScript 和 ScriptEase 中的 CEnvi。当时还没有标准规定 JavaScript 的语法和特性。随着版本不同暴露的问题日益加剧，JavaScript 的规范化最终被提上日程。

1997 年，以 JavaScript 1.1 为蓝本的建议被提交给了欧洲计算机制造商协会（European Computer Manufactures Association，ECMA），该协会指定 39 号技术委员会（Technical Committee #39, TC39）负责"标准化一种通用、跨平台、供应商中立的脚本语言的语法和语义"，委员会经过数月的努力完成了 ECMA—262（定义了一种名为 ECMAScript 的新脚本语言的标准）。第二年，ISO/IEC 也采用了 ECMAScript 作为标准（即 ISO/IEC—16262）。

1.4　HTML 常用开发工具

HTML 的语义简单，操作系统自带的文本编辑器就可以编写 HTML，只需要将文档保存为 .html 或 .htm 即可。常用开发工具也有很多，下面介绍几款。

1．Adobe Dreamweaver

Dreamweaver 是软件厂商 Adobe 推出的一套拥有可视化编辑界面、用于制作并编辑网站和移动应用程序的网页设计软件。Dreamweaver 是集网页制作和管理网站于一身的所见即所得的网页代码编辑器。借助经过简化的智能编码引擎轻松创建、编码和管理动态网站，还能够通过访问代码提示快速了解 HTML、CSS 以及其他 Web 标准。

2．WebStorm

WebStorm 是 JetBrains 公司旗下一款 JavaScript 开发工具。与 IntelliJ IDEA 同源，继承了 IntelliJ IDEA 强大的 JavaScript 部分功能。

3．Visual Studio Code

Visual Studio Code（VS Code/VSC）是一款免费开源的现代化轻量级代码编辑器，界面美观大方，功能强劲实用，软件支持中文，拥有丰富的插件，集成了所有一款现代编辑器所应该具备的特性，包括语法高亮（syntax high lighting），可定制的快捷键绑定（customizable keyboard bindings），括号匹配（bracket matching）以及代码片段收集（snippets）。它支持 Windows、OS X 和 Linux，内置 JavaScript、TypeScript 和 Node.js 支持。

4．HBuilderX 介绍

HBuilder 是 DCloud（数字天堂）推出的一款支持 HTML5 的 Web 开发 IDE。

HBuilder 的编写用到了 Java、C、Web 和 Ruby。HBuilder 主体是由 Java 编写，它基于 Eclipse，所以也兼容了 Eclipse 的插件。快是 HBuilder 的最大优势，通过完整的语法提示和代码输入法、代码块等，大幅提升 HTML、JS、CSS 的开发效率。HBuilderX 是 HBuilder 的新一代产品。

HBuilderX 不需要安装，解压后可以直接运行。本书采用 HBuilder 进行程序代码编写。

1.5 Web 项目开发入门

1.5.1 使用 HBuilder 新建项目

1）打开 HBuilder。

2）依次单击"文件→新建→ Web 项目"（按 <Ctrl+N> 组合键，可以触发快速新建，然后单击 Web 项目），如图 1-1 所示。

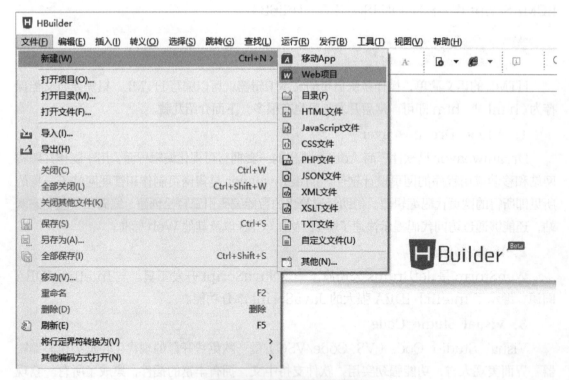

图 1-1 新建一个 Web 项目

3）打开"创建 Web 项目"对话框，如图 1-2 所示。

4）在图 1-2 中 A 处填写新建项目的名称，B 处填写（或选择）项目保存路径（更改此路径 HBuilder 会记录，下次默认使用更改后的路径），C 处可选择使用的模板（可单击自定义模板，参照打开目录中的 readme.txt 自定义模板）。

图 1-2 "创建 Web 项目"对话框

1.5.2 Web 项目基本结构

新建项目后，项目基本结构如图 1-3 所示。

（1）css 建议网站的 css 文件均放进此文件夹中。

（2）img 建议网站的图片文件均放在此文件夹中，并且根据图片归属的网页，在此文件中继续新建文件夹，进行归类存放。

（3）js 建议网站的所有 JavaScript 文件均放在此文件夹中。

图 1-3 项目基本结构

（4）index.html 项目自动生成的网站首页，通常以 index 或者 default 命名。其余网页，建议根据网页从属结构新建文件夹进行归类存放。

1.5.3 新建一个 HTML 文件

```html
<!DOCTYPE html>
<html>
<head>
    <meta charset="UTF-8">
    <title>欢迎学习 HTML</title>
</head>
<body>
    <h1>我的第一个标题</h1>
```

```
<p> 我的第一个段落。</p>
</body>
</html>
```

运行结果如图 1-4 所示。

图 1-4　第一个 HTML 文件

1.5.4　HTML 文档的基本结构

HTML 文档的基本结构如下：

1）文档类型声明

2）<html> 标签对

3）<head> 标签对

4）<body> 标签对

5）HTML 注释元素

1．文档类型声明（Document Type Declaration，DTD）

这个部分用来说明该文档是 HTML 文档。所有的 HTML 文档开始于文档声明之后，它说明了文档的类型及其所遵守的标准规范集。DTD 是必需的组成部分。

如在 HTML 4.01 Transitional 中，其文档类型声明如下：

```
<!DOCTYPE HTML PUBLIC "-//W3C//DTD HTML 4.01 Transitional//EN" "http://www.w3.org/TR/html4/loose.dtd">
```

在 HTML 5 中，其文档类型声明如下：

```
<!DOCTYPE html>
```

2．<html> 标签对

<html> 标签位于 HTML 文档的最前面，用来标识 HTML 文档的开始。

</html> 标签位于 HTML 文档的最后面，用来标识 HTML 文档的结束。

这两个标签成对存在，中间的部分是文档的头部和主题。

该标签有两个属性 dir 和 lang。其中 dir 是用来指定浏览器用什么方向来显示包含在元素中的文本，该属性有 ltr 和 rtl 两种，前者规定文本从左到右显示，后者与之相反。除非特殊需要，一般不需要为 <html> 标签制定 dir 属性，省略即可。lang 属性用来指明文档内容或者某个元素内容使用的语言，理想情况下，浏览器可以使用 lang 属性将文本更好地显示给用户。

3．<head> 标签对

<head> 标签包含有关 HTML 文档的信息，可以包含一些辅助性标签，如 <title><base>

<link><meta><style><script> 等，但是浏览器除了会在标题栏显示 <title> 元素的内容外，不会向用户显示 head 元素内的其他任何内容。

<head> 标签有个 profile 属性，该属性提供了与当前文档相关联的配置文件的 URL。

<meta> 标签将在单元 2 中详细介绍。

4．<body> 标签对

<body> 标签是 HTML 文档的主体部分，在此标签中可以包含 <p><h1>
 等众多标签，<body> 标签出现在 </head> 标签之后，且必须在 </html> 之前闭合。

<body> 标签中还有很多属性，用于设置文档的背景颜色、文本颜色、链接颜色、边距等。

5．HTML 的注释元素

<!-- --> 用于在 HTML 中插入注释，它的开始标签为 <!--，结束标签为 -->，开始标签和结束标签不一定在一行，也就是说，可以写多行注释。浏览器不会显示注释，但是作为一名合格开发者，应该养成及时添加注释的习惯，方便项目组成员阅读代码，或者程序后期维护。

1.5.5 HTML 的相关基本定义

1．标签

用"<"和">"括起来的叫作标签，如 <html></html>，标签不区分大小写，但根据 W3C 建议，最好用小写。

2．元素

一对标签包含的所有代码，元素的内容是开始标签和结束标签之间内容。

3．属性

HTML 标签可以拥有属性。属性总是在开始标签中规定，并且属性总是以名称＝"值"的形式出现，如 id="main"。其中，属性值应该始终被包括在引号内，通常使用双引号。

单元总结

本单元主要介绍了 HTML、CSS、JavaScript 的发展历史、三者在前端开发中的作用，以及 HTML 常用开发工具。通过举例讲解了开发工具的使用方法以及 HTML 文档的基本结构。本单元主要知识点如图 1-5 所示。

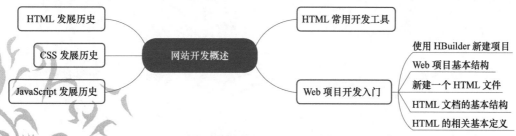

图 1-5 本单元知识点总结

习 题

一、填空题

1．网站由网页构成，并且根据功能的不同，网页又有_____和动态网页之分。

2．Web 标准是一系列标准的集合，主要包括结构、_____和_____。

3．HTML 中文译为_____，主要是通过 HTML 标记对网页中的文本、图片、声音等内容进行描述。

4．HTML 主要是通过_____对网页中的文本、图片、声音等内容进行描述。

二、选择题

1．（单选）在 HTML 中，网页要显示的主体内容应放置在（　　　）。

    A．\<title>\</title> 标记之间 　　　　B．\<head>\</head> 标记之间

    C．\<body>\</body> 标记之间 　　　　D．HTML 中的任意位置

2．（多选）下列选项中的术语名词，属于网页术语的是（　　　）。

    A．Web 　　　　B．HTTP 　　　　C．DNS 　　　　D．iOS

三、简答题

1．简述网页地址中"WWW"的具体含义。

2．简述什么是 JavaScript 以及 JavaScript 的作用。

3．简述什么是 Web 标准以及 Web 标准的构成。

4．简述什么是 CSS 以及 CSS 的作用。

单元2
HTML5常用标签 ■■■■■■■■■■■■■■■■

学习目标

1. 知识目标

（1）掌握并熟练应用 HTML 文本标签；

（2）掌握并熟练应用列表标签；

（3）掌握并熟练应用图片标签；

（4）掌握并熟练应用超链接标签；

（5）掌握并熟练应用多媒体标签；

（6）掌握并熟练应用头部标签。

2. 能力目标

（1）能熟练使用 HTML 文本标签、列表标签、图片标签、超链接标签、多媒体标签和头部标签搭建基本静态网页；

（2）能使用 HTML 设计一个网页并运行。

3. 素质目标

（1）具有质量意识、安全意识、工匠精神和创新思维；

（2）具有集体意识和团队合作精神；

（3）具有界面设计审美和人文素养；

（4）熟悉软件开发流程和规范，具有良好的编程习惯。

常见的网页中主要包含图片、文字、超链接。这些内容均是使用 HTML5 标签实现，本单元开始学习 HTML 的各类标签，掌握网页设计中的相关元素。

2.1 文本标签

文本是网页发布信息的主要形式。通过设置文本的大小、颜色、字体以及段落和换行等，可以使文本看上去整齐美观，错落有致。

2.1.1 标题标签

标题标签用来分隔文章中的文字，概括文章中文字的内容，从而吸引用户的注意，起到提示作用。标题标签的语法格式如下：

```
<hn align="对齐方式"> 标题文 </hn>
```

HTML 提供了 6 级标题，为 <h1> 到 <h6>，其中 <h1> 字号最大，<h6> 字号最小，标题属于块级元素，浏览器会自动在标题前后加上空行。

Align 属性是可选属性，用于指定标题的对齐方式，其取值有 3 种：left、center、right，分别表示左对齐、居中对齐和右对齐。

【实战举例 example2-1.html】使用 <h1> 到 <h2> 的标题。

```
<!DOCTYPE html>
<html>
<head>
    <meta charset="UTF-8">
    <title> 标题标签的使用 </title>
</head>
<body>
    <h1> 工匠精神 </h1>
    <h2>--- 敬业、精益、专注、创新 ---</h2>
</body>
</html>
```

扫码看视频

运行结果如图 2-1 所示。

图 2-1　使用标题标签

2.1.2　字体标签

默认情况下，中文网页中的文字以黑色、宋体、3 号字的效果显示。如果希望改变这种默认的文字运行结果，可以使用 <font> 字体标签及其相应的属性进行设置。字体标签的基本语法如下：

```
<font face="字体名称" size="字号" color="字体颜色"> 文字 </font>
```

其中，face 属性是设置字体的类型，中文的默认是宋体；size 属性指定文字的大小，其取值范围是 1 ~ 7（文字的显示是从小到大，默认字号是 3）；color 属性设定文字颜色，默认颜色是黑色。

【实战举例 example2-2.html】为文本设置字体属性。

```
<!DOCTYPE html>
<html>
<head>
    <meta charset="UTF-8">
```

```
    <title> 字体标签的使用 </title>
</head>
<body>
    <font face="" size="" color=""> 大国工匠 </font>
    <font face=" 隶书 " size="6" color="red"> 劳模精神 </font>
    <font face=" 楷书 " size="6" color="green"> 劳动精神 </font>
    <font face=" 黑体 " size="6" color="yellow"> 工匠精神 </font>
</body>
```
运行结果如图 2-2 所示。

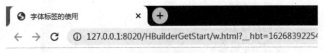

图 2-2　字体标签

2.1.3　段落标签

在 HTML 标记中创建一个段落的标签是 <p>。在 HTML 中既可以使用单标签，也可以使用双标签。单标签和双标签的相同点是，都能创建一个段落；不同点是，单标签创建的段落会与上文产生一个空行的间隔；双标签创建的段落则与上下文同时有一个空行的间隔。

与标题字一样段落标签也具有对齐属性，可以设置段落相对于浏览器窗口在水平方向的居左、居中和居右对齐方式。段落的对齐方式同样使用 align 属性进行设置。其基本语法的格式如下：

```
<p align=" 对齐方式 "> 段落内容 </p>
```
注： <p> 是块级元素，浏览器会自动在 <p> 标记前后加上一定的空白。

2.1.4　换行标签

换行标签是
，该标签是一个单标签，在 XHTML、XML 以及未来的 HTML 版本中，不允许使用没有闭合标签的 HTML 元素，所以这种单标签都把结束标签放在开始标签中，也就是
，多次换行需要使用多次
，连续使用两次
 等效于一个段落换行标签 <p/>。

【实战举例 example2-3. html】使用换行标签。

```
<!DOCTYPE html>
<html>
<head>
    <meta charset="UTF-8">
    <title> 换行标签的使用 </title>
</head>
<body>
    <font size="5" color="blue" face=" 黑体 ">
```

```
        登鹳雀楼
    <p/> 白日依山尽，<br/> 黄河入海流。<br/> 欲穷千里目，<br/> 更上一层楼。
    </font>
</body>
</html>
```

运行结果如图 2-3 所示。

图 2-3　换行标签

2.1.5　预格式化标签

HTML 的输出是基于窗口的，因此 HTML 文件在输出时都需要重新排版，即把文本上一些额外的字符（包括空格、制表符、换行符等）忽略。如果不需要重新排版内容，可以用预格式化标签 <pre>…</pre> 通知浏览器。

所谓预格式化就是指某些格式可以在源代码中预先设置，这些预先设置好的格式在浏览器解析源代码时被保留下来，即源代码执行后的效果与源代码中预先设置好的效果几乎完全一样。

【实战举例 example2-4. html】使用预格式化标签实现格式效果。

```
<!DOCTYPE html>
<html>
<head>
    <meta charset="UTF-8">
    <title> 预格式化标记的使用 </title>
</head>
<body>
    <font size="5" color="black">
        <pre>
            登鹳雀楼
            白日依山尽，
            黄河入海流。
            欲穷千里目，
            更上一层楼。
        </pre>
    </font>
</body>
</html>
```

使用和未使用预格式化标签的运行结果如图 2-4 所示。

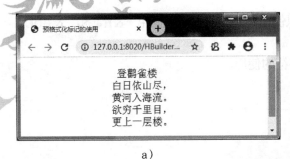
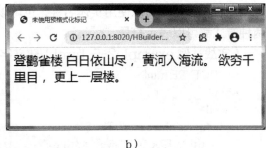

a)　　　　　　　　　　　　　　　　b)

图 2-4　运行结果

a）使用预格式化标签　b）未使用预格式化标签

2.1.6 转义字符

有些字符在HTML中具有特殊的含义，例如"<"表示HTML标签的开始；还有一些字符无法通过键盘输入，这些字符对于网页来说都属于特殊字符。要在网页中显示这些特殊的字符，必须使用转义字符的方式进行输入。

转义字符由3个部分组成，第一部分是"&"符号；第二部分是实体名字或者"#"加上实体编号；第三部分是分号，表示转义字符结束。转义字符的语法结构如下：

& 实体标记;

例如，"<"可以使用"<"表示；空格可以使用" "表示。常用的特殊字符与对应的字符实体见表2-1。

表 2-1　常用的特殊字符与对应的字符实体

显 示 结 果	描　　述	实 体 名 称
	空格	
<	小于号	&lt;
>	大于号	&gt;
&	和号	&amp;
"	引号	&quot;
'	撇号	'（IE 不支持）
¢	分 (cent)	&cent;
t	磅 (pound)	&pound;
¥	元 (yen)	&yen;
€	欧元 (euro)	&euro;
§	小节	&sect;
©	版权 (copyright)	&copy;
®	注册商标	&reg;
™	商标	&trade;
×	乘号	&times;
÷	除号	&divide;

同一个符号既可以使用实体名称，也可以使用实体编号，例如使用 "&lt" 和 "<" 两种方式都可以表示符号 "<"。

【实战举例 example2-5.html】转义字符的使用。

```
<!DOCTYPE html>
<html>
<head>
    <meta charset="UTF-8">
    <title> 转义字符的使用 </title>
</head>
<body>
    &lt;&gt;&amp;&quot;&copy;&reg;&trade;&times;&divide; 等
</body>
</html>
```

运行结果如图 2-5 所示。

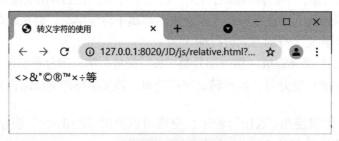

图 2-5　转义字符

2.1.7　文字修饰标签

使用文字修饰标签可以设置文字为粗体、倾斜、下划线等格式。文字不同的格式需要用不同的修饰标签。常用的文字修饰标签见表 2-2。

表 2-2　常用的文字修饰标签

标　　签	描　　述
\…\	加粗。如：\HTML 文件 \
\<i>…\</i>	斜体。如：\<i>HTML 文本 \</i>
\<u>…\</u>	下划线。如：\<u>HTML 文本 \</u>
\<s>…\</s>	删除线。如：\<s> 删除线 \</s>
\^{…\}	上标
_{…\}	下标

【实战举例 example2-6.html】文字修饰标签使用。

```
<!DOCTYPE html>
<html>
<head>
    <meta charset="UTF-8">
```

```
<title> 文字修饰标签 </title>
</head>
<body>
    <b> 一、教育决定着人类的今天和未来 </b>
    <p>" 经济靠科技，科技靠人才，人才靠教育 ..."<sup>(1)</sup></p>
</body>
</html>
```

运行结果如图 2-6 所示。

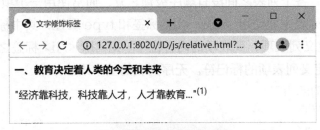

图 2-6　文字修饰标签

2.1.8　文本标签综合案例——新闻页面

【实战举例 example2-7】制作一个有标题的新闻页面。

```
<!DOCTYPE html>
<html>
<head>
<meta charset="UTF-8">
    <title> 综合练习 </title>
</head>
<body>
    <h1>2021.6.17| 神舟十二号成功发射 </h1>
    <hr/>
    <pre>
        <p>　某报 6 月 17 日电 :6 月 17 日神舟十二号载人飞船在酒泉卫星发射中心点火发射，顺利将
3 名航天员送入太空。
        </p>
    </pre>
</html>
```

运行结果如图 2-7 所示。

图 2-7　一个有标题的新闻页面

2.2 列表标签

在 HTML 页面中，列表可以使相关的内容以一种整齐划一的方式显示。列表分为 3 种模式。

2.2.1 无序列表

在无序列表中，各个列表之间没有顺序级别之分，通常使用一个项目符号作为每个列表项的前缀。无序列表主要使用 <ul>、<li> 标签和 type 属性，其中标签 <ul> 定义无序列表，标签 <li> 定义列表项，列表项的内容位于一对 <li></li> 标签之内，标签 <ul> 内的 type 属性用来定义列表项的标记符。无序列表的基本语法如下：

```
<ul type=" 列表的标记符 ">
    <li> 项目一 </li>
    <li> 项目二 </li>
    <li> 项目三 </li>
    ...
</ul>
```

扫码看视频

其中 type 属性的取值定义如下：

1）disc 是默认值，为实心圆。

2）circle 为空心圆。

3）square 为实心方块。

【实战举例 example2-8】使用无序列表设计网页导航一级目录。

```
<!DOCTYPE html>
<html>
    <head>
        <meta charset="utf-8">
        <title> 无序列表 </title>
    </head>
<body>
    <div class="ph_nav">
        <ul class="ph_nav_ul">
            <li class="navmon"> 首页 </li>
            <li class="navmon1"> 文学综合 </li>
            <li class="navmon2"> 儿童读物 </li>
            <li class="navmon3"> 教辅书目 </li>
            <li class="navmon4"> 考试中心 </li>
            <li class="navmon5"> 生活园地 </li>
        </ul>
    </div>
</body>
</html>
```

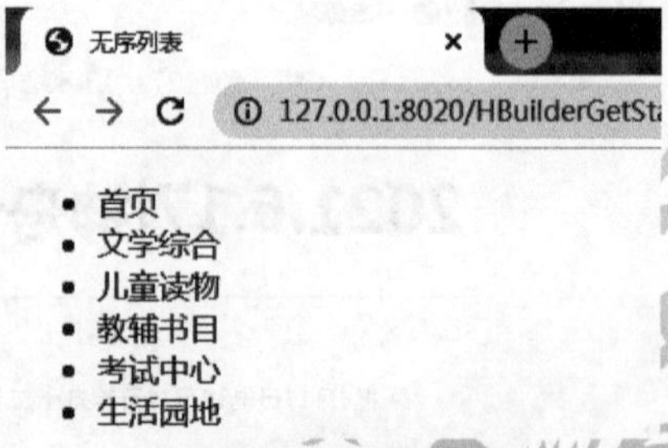

运行结果如图 2-8 所示。

图 2-8　无序列表

2.2.2　有序列表

有序列表使用编号而不是项目符号来编排项目。列表中的项目由数字或英文字母开头，通常各项目间有先后的顺序性。在有序列表中，主要使用 <ol> 和 <li> 两个标签以及 type 和 start 属性。其中，标签 <ol> 定义有序列表，标签 <li> 作为每一个项目的开始，start 属性定义列表项开始编号的位置序号，在有序列表的默认情况下，使用数字符号作为列表的开始，但可以通过 type 属性将有序列表的类型设置为英文或罗马字母。有序列表的基本语法如下：

```
<ol type=" 列表项的标记符 " start=" 起始值 ">
    <li> 项目一 </li>
    <li> 项目二 </li>
    <li> 项目三 </li>
    ...
</ol>
```

其中，type 属性各个取值的含义见表 2-3。

表 2-3　有序列表 type 属性的取值描述

type 值	说　　明
1	默认值。数字有序列表（1、2、3、4……）
a	按小写字母顺序排列的有序列表（a、b、c、d……）
A	按大写字母顺序排列的有序列表（A、B、C、D……）
i	按小写罗马字母顺序排列的有序列表（ⅰ、ⅱ、ⅲ、ⅳ……）
I	按大写罗马字母顺序排列的有序列表（Ⅰ、Ⅱ、Ⅲ、Ⅳ……）

【实战举例 example2-9. html】有序列表。

```
<!DOCTYPE html>
<html>
<head>
        <meta charset="UTF-8">
        <title> 有序列表标签 </title>
</head>
<body>
        热搜榜: <br/>
            <ol>
                <li> 海南自贸港放宽市场准入特别措施发布 </li>
                <li> 医保个人账户将允许家庭成员共济 </li>
                <li> 央视曝农村改造厕所轻轻一踩就碎了 </li>
                <li> 哈里斯说美国过去很多年是为石油而战 </li>
            </ol>
        折叠 >><br/>
        <ol start="19" type="1">
                <li> 美国发生枪击案 2 名儿童死亡 </li>
                <li> 住建部约谈广州合肥等五市 </li>
                <li> 北大保安第一人已回乡从教 20 年 </li>
```

```
            <li> 香港选举制度修订条例草案 14 日将首读 </li>
        </ol>
    </body>
</html>
```

运行结果如图 2-9 所示。

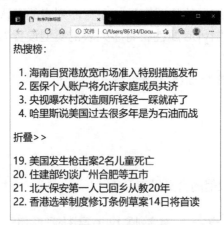

图 2-9   有序列表

2.2.3   嵌套列表——网站导航栏

嵌套列表指在一个列表项的定义中嵌套另一个列表的定义。很多网站的导航栏就是用嵌套列表加上 CSS 样式设置完成。

【实战举例 example2-10.html】嵌套列表实现电子图书网站的导航栏（有一级菜单和二级菜单）。

```
<!DOCTYPE html>
<html>
    <head>
        <meta charset="utf-8">
        <title> 嵌套列表 </title>
    </head>
<body>
    <div class="ph_nav">
        <ul class="ph_nav_ul" type="none">
            <li class="navmon"> 首页 </li>
            <li class="navmon1"> 文学综合
                <ul>
                    <li> 小说 </li>
                    <li> 文学 </li>
                    <li> 传记 </li>
                </ul>
            </li>
            <li class="navmon2"> 儿童读物
                <ul>
                    <li>0-2 岁 </li>
```

```
            <li>3-6 岁 </li>
            <li>7-10 岁 </li>
        </ul>
    </li>
    <li class="navmon3"> 教辅书目
        <ul>
            <li> 小学 </li>
            <li> 初中 </li>
            <li> 高中 </li>
        </ul>
    </li>
    <li class="navmon4"> 考试中心
        <ul>
            <li> 雅思 </li>
            <li> 托福 </li>
            <li> 研究生 </li>
        </ul>
    </li>
    <li class="navmon5"> 生活园地
        <ul>
            <li> 花卉 </li>
            <li> 宠物 </li>
            <li> 育儿 </li>
        </ul>
    </li>
    </ul>
    </div>
</body>
</html>
```

运行结果如图 2-10 所示。

说明： 应用嵌套列表完成的导航栏还是竖行的一级菜单、二级菜单显示，横向排列将在 CSS3 浮动中进行样式设计。

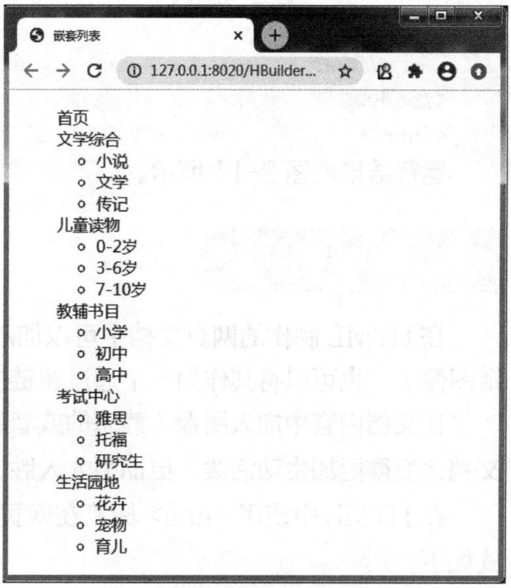

图 2-10　嵌套列表

2.3　分隔线标签

分隔线可以在 HTML 页面中创建一条水平线，分隔线可以将文档分隔成若干个部分。分隔线标签是 <hr/>，其属性及说明见表 2-4。

表 2-4　<hr/> 标签的属性及说明

属　性	说　明
align	设置水平线的对齐方式，取值为 left、center、right
noshade	设置水平线为纯色，无阴影
size	设置水平线的高度，单位为像素
width	设置水平线的宽度，单位为像素
color	设置水平线的颜色

【实战举例 example2-11.html】使用分隔线标签。

扫码看视频

```html
<!DOCTYPE html>
<html>
<head>
    <meta charset="UTF-8">
    <title> 加一条水平分隔线 </title>
</head>
<body>
    <font size="5" color="black">
        <pre>
            登鹳雀楼
            <hr/>
            白日依山尽，
            黄河入海流。
            欲穷千里目，
            更上一层楼。
        </pre>
    </font>
</body>
</html>
```

图 2-11　使用分隔线标签

运行结果如图 2-11 所示。

2.4　图片标签

在 HTML 制作的网页文档中可以加载图像，可以把图像作为网页文档的内在对象（内链图像），也可以将其作为一个通过超链接下载的单独文档或者作为文档的背景。

在文档内容中加入图像（静态的或者具有动画效果的图标、照片、说明、绘画等）时，文档会变得更加生动活泼，更加引人入胜，而且看上去更专业、更具信息性并易于浏览。

在 HTML 中使用 <img> 标签在网页中嵌入图像，并设置图像的属性。其基本语法格式如下：

```html
<img src=" 图片文件路径 " alt=" 提示文本 " height=" 图片高度 " width=" 图片宽度 "/>
```

其中，src 属性是必需的；通过 height 属性和 width 属性可以调整图片显示的大小，如果不设置这两个属性值，则使用图片原始的属性值，这两个属性的属性值可以是像素，也可以是百分比。如果是百分比则是相对于浏览器窗口的一个比例。有时为了对网页上的图片做某方面的描述说明，或者当网页图片无法下载时能让用户了解图片内容，在制作网页时可以通过图片的 alt 属性对图片设置提示文本。

【实战举例 example2-12.html】在网页中添加图片。

```html
<!DOCTYPE html>
<html>
<head>
<meta charset="UTF-8">
    <title> 图片标签 </title>
```

```
</head>
<body>
    <h1>4.23|世界读书日 </h1>
    <hr/>
    <img src="img/dushuri.jpg" alt="reading" height="357" width="268"/>
</html>
```

运行结果如图 2-12 所示。

图 2-12　图片标签

说明： 加载页面时，要注意插入页面图像的路径，如果不能正确设置图像的位置，浏览器就无法加载图片。

2.5　超链接标签

　　超链接指从一个网页指向一个目标的链接关系，这个目标可以是另一个网页，也可以是相同网页上的不同位置，还可以是一幅图片、一个邮件地址、一个文件，甚至是一个应用程序。超链接在本质上属于网页的一部分，是一种允许同其他网页或站点之间进行链接的元素。各个网页链接在一起后，才能构成一个真正的网站。单击已经链接的文字或图片后，链接目标将显示在浏览器上，并且根据目标的类型打开或运行。

　　网页上的超链接一般分为三种：第一种是绝对 URL 的超链接，简单地讲就是网络上一个站点或网页的完整路径；第二种是相对 URL 的超链接，例如将网页上的某一段文字或标题链接到同一网站的其他网页上；第三种是同一网页的超链接，这种超链接又叫作书签链接。

2.5.1　文本链接

使用一对 <a> 标签创建文本链接，其语法格式如下：

```
<a href=" 目标 URL" target=" 目标窗口 "> 指针文本 </a>
```

其中，href 属性用来指出文本链接的目标资源的 URL 地址；target 属性用来指出在指定的目标窗口中打开链接文档。target 属性的取值及其说明见表 2-5。

表 2-5　target 属性的取值及其说明

属　　性	说　　明
_blank	在新窗口中打开目标资源
_self	默认值，在当前的窗口或框架中打开目标资源
_parent	在父框架集中打开目标资源
_top	在整个窗口中打开目标资源
框架名称	在指定的框架中打开目标资源

【实战举例 example2-13.html】文本链接。

```
<!DOCTYPE html>
<html>
<head>
    <meta charset="UTF-8">
    <title> 文本链接 </title>
</head>
<body>
    常用网站有：
    <ul>
        <li><a href="http://www.baidu.com/"> 百度 </a></li>
        <li><a href="http://www.jd.com/" target="_blank"> 京东 </a></li>
        <li><a href="http://www.taobao.cn/" target="_top"> 淘宝网 </a></li>
    </ul>
</body>
</html>
```

运行结果如图 2-13 所示。

扫码看视频

图 2-13　文本链接

2.5.2　书签链接

当一个网页内容较多且过长时，浏览网页寻找页面的一个特定目标时，就需要不断地拖动滚动条，且找起来非常不方便，这种情况需要用到书签链接，比如购物网站的"回到顶部"。

书签链接可用于在当前页面的书签位置间跳转，也可跳转到不同页面的书签位置。创建书签链接需要两步：创建书签和创建书签链接。

（1）创建书签：有三种方法可以创建书签，分别为 id、name 和 js，此处介绍前两种。id 定位的基本语法结构如下（html5 常用此方法）：

`<div id=" 书签名 ">[ 文字或图片 ]</div>`

此处以 div 举例，也可以根据实际需要选择其他基本标签。

name 定位的基本语法结构如下：

`<a name=" 书签名 ">[ 文字或图片 ]</a>`

需要说明的是"[文字或图片]"中的"[]"表示一个可选项，其中的文字或图片是可有可无的，书签将在当前 <a> 标记位置建立一个 name 属性值指定的书签。

注： 书签名不能有空格。

（2）创建书签链接：链接到同一页面的书签链接定义语法如下：

`<a href="# 书签名 "> 源端点 </a>`

链接到不同页面的书签链接定义语法如下：

`<a href="file_URL# 书签名 "> 源端点 </a>`

【实战举例 example2-14】使用书签链接实现返回同一页面顶部的功能。

```
<!DOCTYPE html>
<html>
<head>
    <title> 书签链接 </title>
    <meta charset="UTF-8">
</head>
<body>
    <h1 id="top"> 此处是顶部 </h1>
    <p>......</p>
    <p>......</p>
    <!-- 此处添加多个段落标签，实现页面滚动 -->
    <a href="#top"> 回到顶部 </a>
</html>
```

2.5.3　图像链接

<a> 标记不仅可以为文字设置超链接，还可以为图片设置超链接。为图片设置超链接有两种方式，一种方式是将整个图片设置为超链接，只要单击该图片就可以跳转到链接的 URL 上；另一种方式是为图片设置热点区域，将图片划分为多个区域，单击图片不同位置将会跳转到不同的链接上。

（1）将整个图片设置为超链接

【实战举例 example2-15. html】将图片设置为超链接。

```
<!DOCTYPE html>
<html>
<head>
    <meta charset="UTF-8">
    <title> 图片超链接 </title>
```

```
</head>
<body>
    <a href="https://baijiahao.baidu.com/s?id=1688271622637551425&wfr=spider&for=pc
"><img src="img/xue.jpeg" height="315" width="539"></a>
</body>
</html>
```

运行结果如图 2-14 所示。

图 2-14　图片链接

（2）设置图片的热点区域

在定义图片的热点区域时，除了要定义图片热点区域的名称之外，还要设置其热区范围。可以使用 img 元素中的 usemap 属性值和 <map> 标记创建，其语法格式如下：

```
<img src=" 图片文件路径 " usemap="#map 名 "/>
<map name="map 名 ">
   <area shape=" 图片热区形状 " coords=" 热区坐标 " href=" 链接地址 ">
</map>
```

其中 usemap 属性值中的"map 名"必须是 <map> 标签中的 name 属性，因为可以为不同的图片创建热点区域，每个图片都会对应一个 <map> 标签，不同的图片以 usemap 的属性来区别不同的 <map> 标签。需要注意的是，usemap 属性值中的"map 名"前面必须加上"#"号。

<map> 标签里至少要包含一个 <area> 元素，如果一个图片上有多个可单击区域，将会有多个 <area> 元素。在 <area> 元素里，必须指定 coords 属性，该属性值是一组用逗号隔开的数字，通过这些数字可以决定可单击区域的位置。但是 coords 属性值的具体含义取决于 shape 属性值，shape 属性值可用于指定单击区域的形状，默认的单击区域是整个图片区域。对 shape 属性值可进行如下设置。

rect：指定可单击区域为矩形，coords 的值为"x1,y1,x2,y2"，用以规定矩形左上角（x1,y1）和右下角（x2,y2）的坐标。

circle：指定可单击区域为圆形，此时 coords 的值为"x, y, z"，其中 x 和 y 代表圆心的坐标，z 为圆的半径长度。

poly：指多边形各边的坐标，coords 的值为"x1, y1, x2, y2, …, xn, yn"，其中"x1, y1"为多边形第一个顶点的坐标，其他类似。

【实战举例 example2-16. html】设置图片热点区域。

```
<!DOCTYPE html>
<html>
<head>
    <meta charset="UTF-8">
    <title> 图片热点区域 </title>
</head>
<body>
    <img src="img/dushuri.jpg" height="357" width="268" usemap="#myMap"/>
    <map name="myMap">
        <area shape="rect" coords="0,0,150,80" href="https://book.jd.com/">
    </map>
</body>
</html>
```

运行结果如图 2-15 所示。

图 2-15　设置图片热点区域

说明： 黑色方框区域为热点链接区。

2.5.4　E-mail 链接

单击 E-mail 链接后，浏览器会使用系统默认的 E-mail 程序打开一封新的电子邮件，且该电子邮件地址为链接指向的地址。href 属性值由 mailto：和 E-mail 地址两部分组成。

【实战举例 example2-17. html】E-mail 链接。

```html
<!DOCTYPE html>
<html>
<head>
    <meta charset="UTF-8">
    <title> 电子邮件链接 </title>
</head>
<body>
    <a href="mailto:someone@example.com"> 联系我们 </a>
</body>
</html>
```

扫码看视频

2.6 多媒体标签——Web 页面音视频播放

Web 上的多媒体指的是音效、音乐、视频和动画。现在的网络浏览器已支持很多类型的多媒体格式。在 HTML5 之前，如果想在网页上播放音频和视频，则需要安装第三方插件，常用的是 Flash。使用插件有以下几方面缺点：第一，比较烦琐；第二，容易出现安全性问题；第三，大部分情况下只能在计算机上使用。HTML5 的出现改变了这种现状，用以下介绍的两个标签处理音频和视频。

2.6.1 audio 音频标签——音频播放

<audio> 元素用于播放音频，它的使用语法格式如下：

```html
<audio src="./xxx.mp3" autoplay="autoplay" loop="-1" controls="controls">   你的浏览器不支持该标签，请更换最新的浏览器 </audio>
```

1）src：用于指定所要播放音频的资源路径。

2）autoplay：设置了该属性以后，在打开页面后音频会自动播放（注意此属性在 HTML5 中已经弃用）。

3）loop：设置音频播放的循环次数，如果设置为 2，则循环播放两次；如果设置为 -1，则表示无限循环播放。

4）controls：如果不设置这个标签，那么在页面中无法看到具体的音频图标；如果设置了这个标签，在页面中就能看到一块界面区域，可以控制音频的前进、后退、播放 / 暂停、音量等。

5）audio 中设置的文字，表示用户的浏览器如果不支持 audio，则会显示出该文字；如果用户的浏览器支持该标签，则不会显示这段文字，音频使用正常。

6）audio 中使用 source 表示可以更大限度的支持各个不同格式的音频，如果 mp3 不支持，那么就跳到下一行查看是否支持 ogg 格式音频。

```html
<audio  autoplay="autoplay">
<source  src="xxx. mp3"  type="audio/mpeg">
<source  src="xxx. ogg"  type="audio/ogg">
</audio>
```

【实战举例 example2-18.html】在网页中插入一个音频。

```
<!DOCTYPE html>
<html>
<head>
    <meta charset="UTF-8">
    <title> 播放音乐 </title>
</head>
<body>
    <audio src=" 我爱你中国 .mp3" controls="controls">亲，您的浏览器不支持 HTML5 的 audio 标签 </audio>
</body>
</html>
```

运行结果如图 2-16 所示。

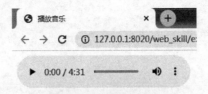

图 2-16　音频标签

2.6.2　video 视频标签——视频播放

<video> 元素用于播放视频，它的语法格式如下：

< video src="./xxx.mp4" height="" muted="muted" autoplay="autoplay" loop="-1" controls="controls"> 你的浏览器不支持该标签，请更换最新的浏览器 </ video >

<video> 属性的取值及其说明见表 2-6。

表 2-6　< video> 属性的取值及其说明

属　性	值	描　　述
src	url	要播放的视频的 URL
height	pixels	设置视频播放器的高度
width	pixels	设置视频播放器的宽度
muted	muted	规定视频的音频静音
autoplay	autoplay	如果出现该属性，则视频在就绪后马上播放。新版本火狐浏览器等拒绝自动播放
loop	loop	如果出现该属性，则当媒介文件完成播放后再次开始播放
controls	controls	如果出现该属性，则向用户显示控件，比如播放按钮
poster	URL	规定视频下载时显示的图像，或者在用户单击播放按钮前显示的图像
preload	preload	如果出现该属性，则视频在页面加载时进行加载，并预备播放 如果使用"autoplay"，则忽略该属性

【实战举例 example2-19.html】在网页中插入一个视频。

```
<!DOCTYPE html>
<html>
<head>
```

```
        <meta charset="UTF-8">
        <title> 播放视频 </title>
</head>
<body>
        <video width="512" height="384" src="video/北京欢迎你.mp4" controls="controls">亲，
您的浏览器不支持 HTML5 的 video 标签 </video>
</body>
</html>
```

运行结果如图 2-17 所示。

图 2-17　视频标签

2.7　标签类型

HTML 标签分为 3 种，分别是行内标签、块状标签和行内块状标签。

2.7.1　行内标签

行内标签的元素会被显示为内联元素，元素前后没有换行符，也无法设置宽、高和内外边距。常用的行内标签及说明见表 2-7，其中 <span> 标签是最典型的行内元素，其他只在特定功能下使用。

表 2-7　常用的行内标签及说明

标 签 名	说 明	标 签 名	说 明
a	锚点	cite	引用
abbr	缩写	code	计算机代码
acronym	首字	dfn	定义字段
b	粗体	em	强调
big	大字体	font	设定字体
br	换行	i	斜体

（续）

标 签 名	说 明	标 签 名	说 明
img	图片	span	常用内联标签
input	输入框	strike	中划线
kbd	定义键盘文本	strong	粗体强调
label	表格	sub	下标
q	短引线	sup	上标
s	删除线	textarea	多行文本输入框
samp	定义范例计算机代码	tt	电传文本
select	项目选择	u	下划线
small	小字体文本	var	定义变量

行内标签的主要特征有以下几点：

1）在 CSS3 中设置宽／高无效。

2）在 CSS3 中 margin 属性仅能设置左右方向有效，上下无效；padding 属性设置上下左右都有效，即会撑大空间。行内标签的尺寸由包含的内容决定。

3）不会进行自动换行，和相邻行内元素在同一行。

4）只能容纳文本或者其他行内元素（a 标签特殊，可以放块状元素）。

2.7.2　块状标签

块状标签中具有代表性的就是 div。为了方便程序员解读代码，一般都会使用特定的语义化标签，使代码可读性强，且便于查错。常用的块状标签及说明见表 2-8。

表 2-8　常用的块状标签及说明

标 签 名	说 明	标 签 名	说 明
address	地址	h4	4 级标题
blockquote	块引用	h5	5 级标题
center	居中对齐块	h6	6 级标题
dir	目录列表	hr	水平分隔线
div	常用块状标签	input	表单
dl	定义列表	ol	有序列表
fieldset	from 控制组	p	段落
form	交互表单	pre	格式化文本
h1	大标题	table	表格
h2	副标题	ul	无序列表
h3	3 级标题		

块状标签的主要特征有以下几点：

1）在 CSS3 的设置中，能够识别宽／高。

2）在 CSS3 的设置中，margin 属性和 padding 属性的上下左右均对其有效。

可以自动换行，多个块状标签写在一起，默认排列方式为从上至下。可以容纳行内元素和其他块级元素。

【实战举例 example2-20.html】div 块状标签举例。

```html
<!DOCTYPE html>
<html>
<head>
    <title>div 举例 </title>
    <meta charset="UTF-8">
    <style type="text/css">/*CSS3 样式设置将在单元 4 详细介绍 */
        .div1{
            width:200px;
            height: 200px;
            background-color: olivedrab;
        }
        .div2
        {
            width:200px;
            height: 200px;
            background-color: orange;
        }
    </style>
</head>
<body>
    <div class="div1"> 测试数据 1</div>
    <div class="div2"> 测试数据 2</div>
</body>
</html>
```

运行结果如图 2-18 所示。

图 2-18　div 块状标签

2.7.3　行内块状标签

行内块状标签综合了行内标签和块状标签的特性，但是各有取舍。因此在日常使用中，行内块状标签的使用次数比较多。行内块状标签的主要特征有以下几点：

1）不自动换行，和相邻的行内元素（行内块）在一行上，但是之间会有空白缝隙。

2）能够识别宽 / 高。

3）默认排列方式为从左到右。

2.7.4　标签显示模式转换 display

元素在 HTML5 中，使用 display 可以进行显示模式的转换，具体方法为：

块状标签转换为行内标签：display:inline。

行内标签转换为块状标签：display:block。

块状标签、行内标签转换为行内块标签：display: inline-block。

【实战举例 example2-21. html】块状标签转换为行内标签。

```
<!DOCTYPE html>

<html>
<head>
<title> 块状标签转换为行内标签 </title>
<meta charset="UTF-8">
<style type="text/css">/*CSS3 样式设置将在单元 4 详细介绍 */
    .div1{
        width:200px;
        height: 200px;
        background-color: olivedrab;
    }
    .div2
    {
        width:200px;
        height: 200px;
        background-color: orange;
    }
    div{
        display: inline; /* 把块状标签转换为行内标签 */
    }
    </style>
</head>
<body>
    <div class="div1"> 测试数据 1</div>
    <div class="div2"> 测试数据 2</div>
</body>
</html>
```

运行结果如图 2-19 所示。

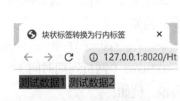

图 2-19　块状标签转换为行内标签

说明：此处块状标签转换为行内标签后，设置的宽和高均无效，识别的只能是文本宽度和高度。具体的 CSS3 使用将在单元 4 进行详细介绍。

2.8　meta 标签

扫码看视频

2.8.1　概述

meta 标签位于 HTML 文档的 <head> 和 <title> 之间，虽然其提供的信息用户不可见，却是文档最基本的元素信息。<meta> 除了提供文档字符集、使用语言、作者等基本信息外，还涉及对关键词和网页等级的设定，所以 meta 标签的内容设计对于搜索引擎来说至关重要。合理利用 meta 标签的 description 和 keywords 属性，加入网站的关键字或者网页的关键字，可使网站更加贴近用户体验。

2.8.2　属性

meta 有两个属性，分别是 name 属性和 http-equiv 属性。

（1）name 属性

name 属性主要是用于描述网页，例如网页的关键词、叙述等。与之对应的属性值为 content，content 中的内容是对 name 填入类型的具体描述，便于搜索引擎抓取。meta 标签中 name 属性的语法格式是：

```
<meta name=" 参数 " content=" 具体的描述 ">
```

其中 name 属性共有以下几种参数：

keywords（关键字）：用于告诉搜索引擎该网页的关键字。例如：

```
<meta name="keywords" content=" 前端，CSS">
```

description（网页内容的描述）：用于告诉搜索引擎该网站的主要内容。例如：

```
<meta name="description" content=" 热爱前端与编程 ">
```

viewport（移动端的窗口）：常用于设计移动端网页。

（2）http-equiv 属性

顾名思义，http-equiv 相当于 http 的文件头。meta 标签中 http-equiv 属性的语法格式为：

```
<meta http-equiv=" 参数 " content=" 具体的描述 ">
```

其中 http-equiv 属性主要有以下几种参数：

content-Type（设定网页字符集）：用于设定网页字符集，便于浏览器解析与渲染页面。例如：

```
<meta charset="UTF-8" http-equiv="content-Type" content="text/html">
```

expires（网页到期时间）：用于设定网页的到期时间，过期后网页必须到服务器上重新传输。例如：

```
<meta http-equiv="expires" content="Saturday 2 January 2021 14:56 GMT">
```

refresh（自动刷新并指向某网页）：网页将在设定的时间内自动刷新并调向设定的网址。例如，需要两秒后自动跳转到 http://www.baidu.com，代码如下：

```
<meta http-equiv="refresh" content="2;URL=http://www.baidu.com/">
```

Set-Cookie（cookie 设定）：如果网页过期，那么这个网页存在本地的 cookies 也会被自动删除。

```
<meta http-equiv="Set-Cookie" content="name,date">
```

京东首页的 meta 设置代码如下：

```
<meta name="viewport" content="width=device-width, initial-scale=1.0, maximum-scale=1.0, user-scalable=yes"/>
```

```
<meta name="description" content=" 京东 JD.COM- 专业的综合网上购物商城，销售家电、数码通信、计算机、家居百货、服装服饰、母婴、图书、食品等数万个品牌优质商品 . 便捷、诚信的服务，为您提供愉悦的网上购物体验 !"/>
```

```
<meta name="Keywords" content=" 网 上 购 物，网 上 商 城，手 机，笔 记 本 计 算 机，计 算 机，MP3,CD,VCD,DV, 相 机，数 码，配 件，手 表，存 储 卡，京 东 "/>
```

单元总结

本单元主要对 HTML5 的基本标签和属性进行了介绍，主要知识点如图 2-20 所示。

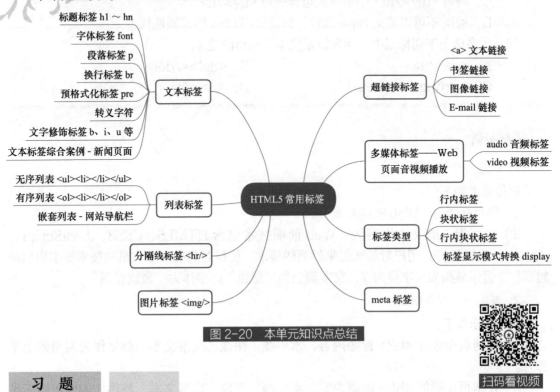

图 2-20　本单元知识点总结

扫码看视频

习　题

一、填空题

1. 网页中常见的图片格式有 jpg、_____和_____格式。

2. <font> 标记的_____属性可以设置文本的颜色。

3. <img/> 标签表示一个图像信息，它有一个必须要指定的_____属性，用来指定图片路径。

二、选择题

1. （单选）位于 HTML 文档的最前面，用于向浏览器说明当前文档使用哪种 HTML 或 XHTML 标准规范的标记是（　　　）。

    A. <!DOCTYPE>　　　　　　　　B. <head></head>

    C. <title></title>　　　　　　　　D. <html></html>

2. （多选）下列选项中，说法正确的是（　　　）。

    A. 在 HTML 中还有一种特殊的标记——注释标记

    B. 标记分为单标记和双标记

    C. <h2/> 二级标题是一个单标记

    D. <p></p> 是一个双标记

3．（多选）关于定义无序列表的基本语法格式，以下描述正确的是（　　　）。

  A．<ul></ul> 标记用于定义无序列表

  B．<li></li> 标记嵌套在 <ul></ul> 标记中，用于描述具体的列表项

  C．每对 <ul></ul> 中至少应包含一对 <li></li>

  D．<li> 不可以定义 type 属性，只能使用 CSS 样式属性代替

4．（多选）下列标记中，用来设置文本为粗体的是（　　　）。

  A．<u></u>   B．<del></del>

  C．<strong></strong>   D．<b></b>

拓展实训

1．创建一个简单网页

具体要求如下：

1）网页标题为"Web 前端开发"。

2）网页相应的文本内容为"Web 前端技术包含 HTML5、CSS3、JavaScript、jQuery、AJAX 等。用户对前端越来越高的要求，使得对前端开发人员的技术要求也越来越高"。显示效果为：字号为 7、文字颜色为"蓝色"、字体为"微软雅黑"。

2．创建一个简单网页

具体要求如下：

1）在网页中添加 <h2> 标题内容、水平线、图像、段落文本，整体作为网页的上半部分。

2）在网页中添加 <h2> 标题内容、水平线、图像、段落文本，整体作为网页的下半部分。

3）分别给两部分文本和图像添加样式。

网页效果如图 2-21 所示。

图 2-21　网页效果

单元3
用户信息注册页面 —— HTML5表格和表单 ■ ■ ■

学习目标

1．知识目标

（1）掌握并熟练创建表格；
（2）掌握并熟练运用表单功能；
（3）掌握并熟练创建表单。

2．能力目标

（1）能熟练使用表格和表单搭建基本注册、登录等交互网页；
（2）能使用 HTML 设计一个网页并运行。

3．素质目标

（1）具有质量意识、安全意识、工匠精神和创新思维；
（2）具有集体意识和团队合作精神；
（3）具有界面设计审美和人文素养；
（4）熟悉软件开发流程和规范，具有良好的编程习惯。

网站中常见的注册页面主要涉及表格和表单元素。本单元以设计与开发一个注册页面为项目载体，讲述表格概念、表格设计及表单概念、表单设计。

3.1　表格

3.1.1　表格概念

表格由 <table> 标签来定义。每个表格均有若干行（由 <tr> 标签定义），每行被分割为若干个单元格（由 <td> 标签定义）。数据单元格可以包含文本、图片、列表、段落、表单、水平线、表格等。表格的相关标签及其说明见表 3-1。

表 3-1　表格的相关标签及其说明

元　素	说　明
table	表格的最外层标签，代表一个表格
tr	单元行，由若干个单元格横向排列构成
td	单元格，包含表格数据
th	单元格标题，与 td 作用相似，但一般作为表头行的单元格

（续）

元　素	说　明
thead	定义表格的页眉
tbody	表格主体
tfoot	定义表格的页脚
colgroup	列分组
caption	定义表格的标题
rowspan	跨行合并
colspan	跨列合并

【实战举例 example3-1.html】定义一个表格。

```html
<!DOCTYPE html>
<html>
<head>
    <meta charset="UTF-8">
    <title> 表格示例 </title>
</head>
<body>
    <table border="1">
        <tr>
            <td> 行 1，单元格 1</td>
            <td> 行 1，单元格 2</td>
        </tr>
        <tr>
            <td> 行 2，单元格 1</td>
            <td> 行 2，单元格 2</td>
        </tr>
    </table>
</body>
</html>
```

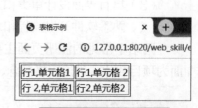

图 3-1　定义一个表格

运行结果如图 3-1 所示。

3.1.2　表格结构

从结构上看，表格可以分成表头、主体和表尾三个部分，分别用 \<thead\>、\<tbody\>、\<tfoot\> 标签来表示。表头和表尾在一张表格中只能有一个，而一张表格可以有多个主体。

对于大型表格，应该将 \<tfoot\> 放在 \<tbody\> 的前面，这样在浏览器显示数据时，能够加快表格的显示速度。另外，\<thead\>、\<tbody\>、\<tfoot\> 标签内部都必须使用 \<tr\> 标签。

使用 \<thead\>、\<tbody\>、\<tfoot\> 对表格进行结构划分的好处是可以先显示 \<tbody\> 的内容，而不必等整个表格下载完成后才显示。无论 \<thead\>、\<tbody\>、\<tfoot\> 的顺序如何改变，\<thead\> 的内容总是在表格的最前面，\<tfoot\> 的内容总是在表格的最后面。

3.1.3　表格属性

表格的各类属性见表 3-2。

表 3-2　表格属性

属　　性	值	描　　述
align	left center right	不建议使用，可使用样式代替 规定表格相对周围元素的对齐方式
bgcolor	rgb (x, x, x) #xxxxxx colorname	不建议使用，可使用样式代替 规定表格的背景颜色
border	pixels	规定表格边框的宽度
cellpadding	pixels %	规定单元边框与其内容之间的空白
cellspacing	pixels %	规定单元格之间的空白
frame	void above below hsides lhs rhs vsides box border	规定外侧边框的哪个部分是可见的
rules	none groups rows cols all	规定内侧边框的哪个部分是可见的
summary	text	规定表格的摘要
width	pixels %	规定表格的宽度
height	pixels %	规定表格的高度

【实战举例 example3-2. html】设置表格属性。

```
<!DOCTYPE html>
<html>
<head>
    <meta charset="UTF-8">
    <title> 表格属性 </title>
</head>
<body>
```

```
<table align="center" border="2" bgcolor="cadetblue" style="color: white;text-align:
center;" width="400" height="60" cellspacing="1" cellpadding="2">
    <caption> 阅读书单 </caption>
        <tr>
            <th> 书单编号 </th>
            <th> 书名 </th>
            <th> 作者 </th>
        </tr>
        <tr>
            <td>001</td>
            <td> 朝花夕拾 </td>
            <td> 鲁迅 </td>
        </tr>
        <tr>
            <td>002</td>
            <td> 文化苦旅 </td>
            <td> 余秋雨 </td>
        </tr>
</table>
</body>
</html>
```

运行结果如图 3-2 所示。

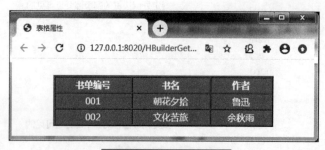

图 3-2　设置表格属性

3.1.4　表格综合案例——电子图书目录

【实战举例 example3-3. html】制作电子图书目录。

```
<!DOCTYPE html>
<html>
    <head>
        <meta charset="UTF-8">
        <title> 表格综合练习 </title>
    </head>
<body>
    <table align="center" border="1" bgcolor=white width="760" cellspacing="1" cellpadding="2"
style="color: black">
        <thead>
            <tr>
```

```
        <td colspan="3" align="center">
            <h2>《中国共产党如何改变中国》</h2>
        </td>
    </tr>
</thead>
<tbody>
    <tr>
        <td><a href="#"> 一、建设现代化经济体系 </a></td>
        <td><a href="#"> 二、发展社会主义民主政治 </a></td>
        <td><a href="#"> 三、建设社会主义法治国家 </a></td>
    </tr>
    <tr>
        <td><a href=" #"> 四、繁荣社会主义文化 </a></td>
        <td><a href="#"> 五、提高人民生活水平 </a></td>
        <td><a href="#"> 六、推动生态文明建设 </a></td>
    </tr>
    <tr>
        <td><a href="#"> 七、加强国防和军队现代化建设 </a></td>
        <td><a href="#"> 八、推进祖国统一大业 </a></td>
        <td><a href="#"> 九、构建人类命运共同体 </a></td>
    </tr>
</tbody>
<tfoot>
    <tr>
        <td colspan="3" align="center">
            <h4> 作者：谢春涛 主编 </h4>
        </td>
    </tr>
</tfoot>
    </table>
</body>
<html>
```

运行结果如图 3-3 所示。

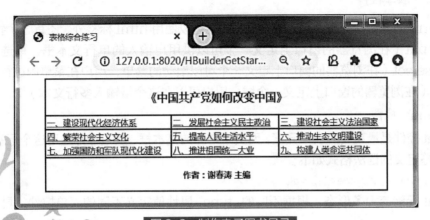

图 3-3   制作电子图书目录

3.2 表单

3.2.1 表单概述

表单是一个包含表单元素的区域,允许用户在表单中输入内容,比如文本域 (textarea)、下拉列表、单选按钮 (radio-button)、复选框 (checkbox) 等。

在 HTML 中,一个完整的表单通常由表单标签、表单域和表单按钮 3 个部分构成。

表单标签:里面包含了处理表单数据所用 CGI(Common Gateway Interface)程序的 URL 地址以及将数据提交到服务器的方法。

表单域:包含了文本框、密码框、隐藏域、多行文本框、复选框、单选框、下拉列表和文件上传框等。

表单按钮:包括提交按钮、复位按钮和一般按钮,用于将数据传送到服务器上的 CGI 脚本或者取消输入,还可以用表单按钮来控制其他定义了处理脚本的处理工作。

表单标签用来定义表单采集数据的范围,使用表单标签 <form> 来设置,其语法格式如下:

```
<form action="URL" method="get|post" enctype="..." target="..."></form>
```

action 用来指定处理提交表单的格式。它可以是一个 URL 地址或一个电子邮件地址。

method 指定提交表单的 HTTP 方法。通常使用 post,有时会用 get,具体使用哪种方法由 Web 后端开发工程师决定。

enctype 指定用来把表单提交给服务器时(当 method 值为"post")的互联网媒体形式。

target 指定提交的结果文档显示的位置,有以下几种:

_blank:在一个新的、无名浏览器窗口调入指定的文档。

_self:在指向这个目标的元素相同框架中调入文档。

_parent:把文档调入当前框对应的父框中,这个值在当前框没有父框时等价于 _self。

_top:把文档调入原来最顶部的浏览器窗口中(因此取消所有其他框架)。

3.2.2 表单控件

在 form 的开始标签与结束标签之间,除了可以使用 html 标签外,还有 3 个特殊标签,分别是 input(在浏览器的窗口上定义一个可以供用户输入的单行文本框、单选按钮或复选框)、select(在浏览器的窗口上定义一个可以滚动的菜单,用户在菜单内进行选择)、textarea(在浏览器的窗口上定义一个域,用户可以在这个域输入多行文本)。

1. input 控件

input 控件是最重要的表单元素。网页中常见的文本框、按钮等都是用这个标签定义的。input 标签定义的语法格式如下:

```
<input type="..." name="..." value="..."/>
```

input 元素有很多形态,根据不同的 type 属性值定义不同的表单控件,具体说明见表 3-3。

表3-3 input 元素的 type 类型及说明

值	描　述
button	定义可单击按钮（多数情况下，用于通过 JavaScript 启动脚本）
checkbox	定义复选框
file	定义输入字段和 "浏览" 按钮，供文件上传
hidden	定义隐藏的输入字段
image	定义图像形式的提交按钮
password	定义密码字段，该字段中的字符被掩码
radio	定义单选按钮
reset	定义重置按钮，重置按钮会清除表单中的所有数据
submit	定义提交按钮，提交按钮会把表单数据发送到服务器
text	定义单行的输入字段，用户可在其中输入文本。默认宽度为 20 个字符

<input> 除了 type 属性，还可以指定如下几个属性：

checked：设置单选框、复选框初始状态为选中，若属性值仅有 checked，表示初始就被选中。

disabled：设置首次加载禁用该元素，属性值仅有 disabled，表示该元素被禁用，也就是说，该元素无法获取输入焦点，无法选中，无法响应单击事件。

maxlength：设置文本框中允许输入的最大字符数。

readonly：设置文本框的内容不允许用户直接修改。

size：设置该元素的宽度。

src：设置图像域所显示图像的 URL 地址。

【实战举例 example3-4.html】用表格和表单的 input 标签设计一个基本的用户注册页面。

```
<!DOCTYPE html>
<html>
 <head>
    <meta charset="UTF-8">
    <title> 表单 </title>
 </head>
<body>
    <form action="" method="get">
        <table align="center" border="2" bgcolor="antiquewhite" width="400" height="60"
cellspacing="1" cellpadding="2">
            <caption> 用户注册 </caption>
            <tr>
            <td> 用户名 </td>
            <td><input type="text" name="username" id="username" value=""/></td>
```

```
            </tr>
            <tr>
                <td> 密码 </td>
                <td><input type="password"name="passowrd" id="password"value=""/></td>
            </tr>
            <tr>
                <td> 选择头像 </td>
                <td><input type="file" name="file" if="file" value="" /></td>
            </tr>
            <tr>
                <td colspan="2" align="center">
                    <input type="submit" id="submit" value=" 注册 "/>
                </td>
            </tr>
        </table>
    </form>
</body>
</html>
```

运行结果如图 3-4 所示。

图 3-4　用户注册页面

2. select 控件

select 控件是一种常用的表单控件，使用 select 标签可以在浏览器窗口中设置下拉菜单或带有滚动条的菜单。用户可以在菜单中选择一个或多个选项，但必须配合使用 <option> 和 <optgroup>。每个 <option> 表示一个列表选项，如果列表选项很多，可以使用 <optgroup> 标签对相关选项进行组合。select 标记的语法格式如下：

```
<select name="...">
    <option value=" 选项 1"> 选项 1</option>
    <option value=" 选项 2"> 选项 2</option>
    <option value=" 选项 3"> 选项 3</option>
            ...
</select>
```

1）select 属性说明见表 3-4。

表 3-4 select 属性说明

属　性	值	描　述
autofocus	autofocus	规定在页面加载后文本区域自动获得焦点
disabled	disabled	规定禁用该下拉列表
form	form_id	规定文本区域所属的一个或多个表单
multiple	multiple	规定可选择多个选项
name	name	规定下拉列表的名称
required	required	规定文本区域是必填的
size	number	规定下拉列表中可见选项的数目

2）<optgroup> 可以指定如下属性。

label：指定该选项组的标签，这个属性必须设置。

3）<option> 可以指定如下属性。

selected：用于指定该列表项初始状态为选中状态，其属性值只能是 selected。

value：用于指定该列表项对应的请求参数。

size：指定 <select> 元素同时显示的选项个数。

3．textarea 控件

textarea 控件定义一个多行的文本输入控件。文本区域中可容纳无限数量的文本，其中文本的默认字体是等宽字体（通常是 courier）。

可以通过 cols 和 rows 属性来规定 textarea 的尺寸大小，不过更好的办法是使用 CSS 的 height 和 width 属性。

3.2.3　HTML5 input 控件新增功能

为了增强表单功能，HTML5 还增加了很多新的表单控件元素属性和功能。

1）email：表示必须输入 Email 地址的文本输入框。

```
<form>
  <input name="email" type="email" />
  <input type="submit" value=" 提交 "/>
</form>
```

运行结果如图 3-5 所示。

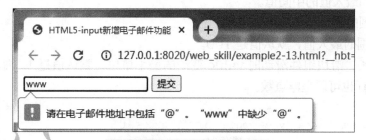

图 3-5　文本框属性为 email

2）url：表示必须输入网址的文本输入框。

```
<form>
    <input name="url" type="url"/>
    <input type="submit" value=" 提交 "/>
</form>
```
运行结果如图 3-6 所示。

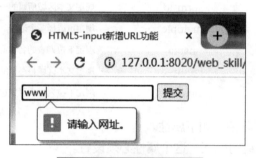

图 3-6　文本框属性为 url

3）number: 表示必须输入整数的文本输入框。

```
<form>
    <input name="num" type="number"/>
    <input type="submit" value=" 提交 "/>
</form>
```
运行结果如图 3-7 所示。

图 3-7　文本框属性为 number

4）range: 表示输入一定范围内数值的文本输入框。

跟其他 input 类型里的 value 属性一样，该属性值可以是整数，也可以是浮点数，默认值是最小值和最大值的中间值。

min: 范围的最小值，默认值是 0。

max: 范围的最大值，默认值是 100。

step: 步长，滑块组件滑动时 value 变动的最小单位，默认值是 1。如果最小值 min 是浮点数，step 也可以是浮点数。

```
<form>
    <input name="range" type="range" min="1" max="10"/>
    <input type="submit" value=" 提交 "/>
</form>
```
运行结果如图 3-8 所示。

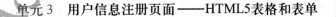

图 3-8　文本框属性为 range

5）date：可供用户输入一个日期，也可以使用日期选择器选取日、月、年，但是不包括时间。

```
<form>
    <input name="date" type="date"/>
    <input type="submit" value=" 提交 "/>
</form>
```

运行结果如图 3-9 所示。

图 3-9　文本框属性为 date

另外，date 类型可以通过 min 和 max 属性限制用户的可选日期范围。

6）month：可以生成一个月份选择器以选取月、年，但不包括日期。

```
<form>
    <input name="date" type="month"/>
    <input type="submit" value=" 提交 "/>
</form>
```

运行结果如图 3-10 所示。

7）week：可以生成一个选择第几周的选择器，选取周和年。

```
<form>
    <input name="date" type="week"/>
```

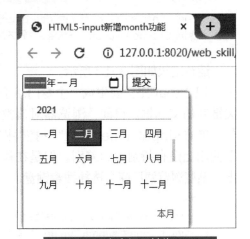

图 3-10　文本框属性为 month

```
    <input type="submit" value=" 提交 "/>
</form>
```

运行结果如图 3-11 所示。

8）time：可以生成一个时间选择器。它的结果选取小时和分钟，但不包括秒数。

```
<form>
    <input name="date" type="time"/>
    <input type="submit" value=" 提交 "/>
</form>
```

运行结果如图 3-12 所示。

图 3-11　文本框属性为 week

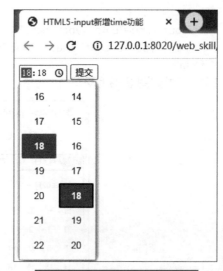

图 3-12　文本框属性为 time

9）datetime：可以生成一个 UTC 的日期时间选择器，选取时间、日、月、年（UTC时间）。

10）datetime-local：可以生成一个本地化的日期选择器，选取时间、日、月、年（本地时间），但不包括秒数。

```
<form>
    <input name="date" type="datetime-local"/>
    <input type="submit" value=" 提交 "/>
</form>
```

运行结果如图 3-13 所示。

11）search：会生成一个专门用于输入搜索关键字的文本框。目前，浏览器对该类型的处理与简单的 <input type="text"/> 控件相同，两者在使用上没有特别大的差别。但是在移动浏览器上，某些浏览器厂商会选择搜索键盘。

```
<form>
    <input name="input" type="search"/>
    <input type="submit" value=" 提交 "/>
</form>
```

图 3-13　文本框属性为 datetime-local

运行结果如图 3-14 所示。

图 3-14　文本框属性为 search 时在手机端的页面

12）color：可以创建一个允许用户使用的颜色选择器，或者输入兼容 CSS 语法的颜色代码区域。

```
<form>
    <input name="input" type="color"/>
    <input type="submit" value=" 提交 "/>
</form>
```

运行结果如图 3-15 所示。

13）tel：生成一个只能输入电话号码的文本框。目前，浏览器对该类型的处理与简单的 <input type="text"/> 控件相同，在使用上没有特别大的差别。但是在移动浏览器上，某些浏览器厂商会选择提供为输入电话号码而优化的自定义键盘。

```
<form>
    <input name="input  type="tel"/>
    <input type="submit" value=" 提交 "/>
</form>
```

运行结果如图 3-16 所示。

图 3-15　文本框属性为 color

图 3-16　文本框属性为 tel 时在手机端的页面

3.2.4　HTML5 表单控件新增属性

1．placeholder 属性

placeholder 属性主要用在文本框，该属性的作用是对相应文本框的可输入字段预期值的简短提示信息，该提示在用户输入前显示在文本框中，但在用户输入内容后消失，有些浏览器则是获得焦点后该提示便消失。

```
<form action="" method="get">
    <input name="username" type="text" placeholder=" 请输入用户名 "/>
    </br>
    <input name="password" type="password" placeholder=" 请输入密码 "/>
    </br>
    <input type="submit" value=" 提交 "/>
</form>
```

运行结果如图 3-17 所示。

2．required 属性

表单验证属性，required 属性规定必须在提交前填写字段，如果使用了该属性，属性值为 required，若

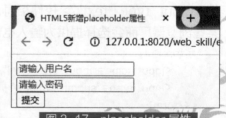

图 3-17　placeholder 属性

文本框输入值为空，则拒绝提交，并会有一个提示。

```html
<form action="" method="get">
    <input name="username" type="text" placeholder=" 请输入用户名 " required="required"/>
    <br/>
    <input name="password" type="password" placeholder=" 请输入密码 " required="required"/>
    <br/>
    <input type="submit" value=" 提交 "/>
</form>
```

运行结果如图 3-18 所示。

3．pattern 属性

表单验证属性，主要用于验证表单输入的内容是否符合要求。通常情况下，前述的 tel、number、url 等已经自带了简单的数据格式验证功能。pattern 属性可以使验证更高效。pattern 的属性值为正则表达式，在使用时必须指定 name 值，否则无效果。

```html
<form action="" method="get">
        <input name="username" type="text" placeholder=" 请输入用户名 "required="required"/>
        <br/>
        <input name="password" type="password" placeholder=" 请输入密码 "required="required"/>
        <br/>
        <input type="tel" name="tel" placeholder=" 请输入手机号 " pattern= "(13[0-9]|14[5|7]
|15[0|1|2|3|5|6|7|8|9]|18[0|1|2|3|5|6|7|8|9])\d{8}$"/><br/>
        <input type="submit" value=" 提交 "/>
</form>
```

运行结果如图 3-19 所示。

图 3-18　required 属性

图 3-19　pattern 属性

注意： 上述正则表达式的含义是手机号码必须是 13 开头加 0 ～ 9 中的任意 1 位数字再加 8 个数字，或者 14 开头加 5 或 7 中的 1 位数字再加 8 个数字，或者 15 开头加 0、1、2、3、5、6、7、8、9 中的 1 位数字再加 8 个数字，或者 18 开头加 0、1、2、3、5、6、7、8、9 中的 1 位数字再加 8 个数字。正则表达式的相关内容将在单元 6 中详细介绍。

4．autofocus 属性

默认聚焦属性，为某个表单控件增加该属性后，如果浏览器打开这个页面，这个表单控件会自动获得焦点。它的属性值只能是 autofocus。

```html
        <form action="" method="get">
```

```
        <input name="username" type="text" required="required" autofocus="autofocus"/>
        <input type="submit" value=" 提交 "/>
    </form>
```

运行结果如图 3-20 所示。

图 3-20　autofocus 属性

5．list 属性

list 属性为文本框制定一个可用的选项列表，当用户在文本框中输入信息时，会根据输入的字符自动显示下拉列表提示，供用户从中选择。大多数输入类型都支持 list 属性，list 属性要与 <datalist> 元素结合使用。

<datalist> 元素用于定义一个选项列表。<datalist> 元素自身不会显示在页面上，而是为其他元素的 list 属性提供数据。当用户在文本框中输入信息时，会根据输入的字符自动显示下拉列表提示，供用户从中选择。

<datalist> 元素的语法非常简单，与 <select> 元素的语法几乎完全相同，使用 <datalist> 元素创建下拉列表，使用 <option> 元素创建列表中的选项。

在实际使用时，只需将 <input> 元素的 list 属性值设置为 <datalist> 元素的 ID 值，就可以实现 <input> 元素和 <datalist> 元素的关联。原则上，<datalist> 元素可以放在页面上的任何地方，但建议将其与 <input> 元素放在一起。

```
<form action="" method="get">
    <input type="text" list="ilist">
        <datalist id="ilist">
            <option label=" 第一章第一节 " value=" 第一章第一节 "></option>
            <option label=" 第一章第二节 " value=" 第一章第二节 "></option>
            <option label=" 第一章第三节 " value=" 第一章第三节 "></option>
        </datalist>
</form>
```

运行结果如图 3-21 所示。

6．autocomplete 属性

为了完成表单的快速输入，浏览器一般提供了自动补全的功能选择。在用户填入的条目被保存的情况下，如果用户在表单再次输入相同的或者部分相同的信息时，浏览器会提示相关条目，从而快速完成表单的输入。当然，也有很多时候需要对客户的资料进行保密，防止浏览器软件

图 3-21　list 属性

或者恶意插件获取到。HTML5 新增的 autocomplete 属性的默认值是 on，如果需要增加安全性，则可以在 <input> 中加入属性 autocomplete="off"。

```
<form action="" method="get">
    <input type="text" name="username" placeholder=" 请输入用户名 " autocomplete="off"/><br/>
        <input type="password" name="password" placeholder=" 请输入密码 " /><br/>
        <input type="submit" value=" 提交 "/>
</form>
```

运行结果如图 3-22 所示。

3.2.5 表单综合案例——用户信息注册页面

使用本单元学过的表格、文本框、单选按钮、下拉列表、复选框、文件上传、文本框、提交按钮和重置按钮等表单元素，制作一个用户信息注册页面。

图 3-22 autocomplete 属性

【实战举例 example3-5. html】表单综合应用。

```
<!DOCTYPE html>
<html>
<head>
    <meta charset="utf-8">
    <title> 表单综合应用 </title>
 </head>
<body>
    <table align="center" width="500" border="1" cellpadding="0" cellspacing="0">
        <caption align="center">
            <h2> 个人信息填写 </h2>
        </caption>
      <form action="" method="get">
        <tr>
            <th> 姓名: </th>
             <td><input type="text" name="username" id="username" placeholder=" 请输入
姓名 " autofocus="autofocus"/></td>
        </tr>
        <tr>
            <th> 密码: </th>
            <td><input type="password" name="password" id="password" placeholder=" 请
设置密码 "/></td>
        </tr>
        <tr><!-- 使用单选按钮域定义性别输入框 -->
            <th> 性别: </th>
            <td>
                <input type="radio" name="sex" id="male" value="1" checked="checked"/> 男
                <input type="radio" name="sex" id="female" value="2"/> 女
                <input type="radio" name="sex" id="secret" value="3"/> 保密
            </td>
    </tr>
        <tr><!-- 使用下拉列表域定义学历输入框 -->
        <th> 学历: </th>
```

51

```html
        <td>
            <select name="edu" id="edu">
                <option value="1"> 高中 </option>
                <option value="2"> 大专 </option>
                <option value="3"> 本科 </option>
                <option value="4"> 研究生 </option>
                <option value="5"> 其他 </option>
            </select>
        </td>
    </tr>
    <tr><!-- 使用正则表达式验证电话号码 -->
        <th> 手机号码: </th>
        <td><input type="tel" name="telnumber" id="telnumber" placeholder=" 请输入手
机号码 " pattern= "(13[0-9]|14[5|7]|15[0|1|2|3|5|6|7|8|9]|18[0|1|2|3|5|6|7|8|9])\d{8}$"/></td>
    </tr>
    <tr>
        <th> 电子邮件: </th>
        <td><input type="email" name="emailaddress" placeholder=" 请输入电子邮件地
址 " id="emailaddress"/></td>
    </tr>
    <tr><!-- 使用复选框域定义选修课程输入框 -->
        <th> 选修课程: </th>
        <td>
            <input type="checkbox" name="course[]" value="1"/>Linux
            <input type="checkbox" name="course[]" value="2"/>Apache
            <input type="checkbox" name="course[]" value="3"/>MySQL
            <input type="checkbox" name="course[]" value="4"/>PHP
        </td>
    </tr>
    <tr><!-- 使用多行文本框定义自我评价输入框 -->
        <th> 自我评价: </th>
        <td><textarea name="eval" id="eval" cols="40" rows="4"/></textarea></td>
    </tr>
    <tr><!-- 定义提交和重置按钮 -->
        <td colspan="2" align="center">
            <input type="submit" name="submit" id="submit" value=" 提交 "/>
            <input type="reset" name="reset" id="reset" value=" 重置 "/>
        </td>
    </tr>
</form>
</table>
</body>
</html>
```

运行结果如图 3-23 所示。

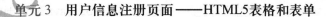

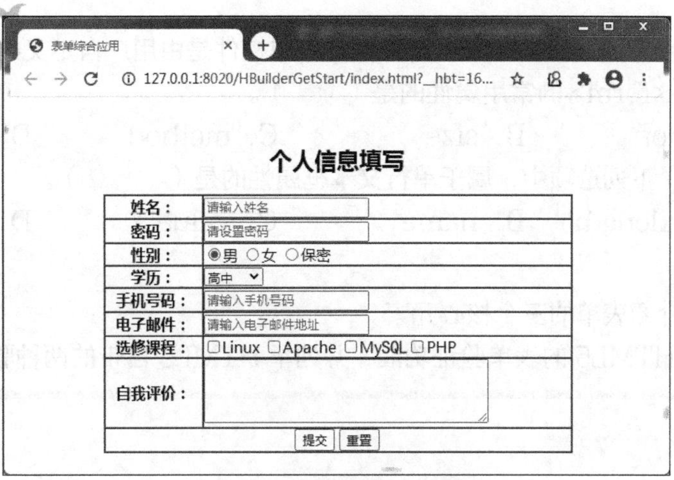

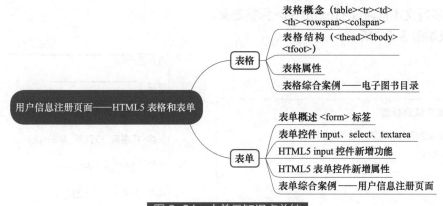

图 3-23　表单综合应用

说明： 如果需要给每行设置一个高度，只需对每个 \<tr\> 添加一个 height 属性，如 \<tr height=40\>。

单元总结

本单元主要对 HTML 的表格和表单进行了介绍，主要知识点如图 3-24 所示。

表格概念（table\<tr\>\<td\>\<th\>\<rowspan\>\<colspan\>

表格结构（\<thead\>\<tbody\>\<tfoot\>）

表格属性

表格综合案例——电子图书目录

表格

用户信息注册页面——HTML5 表格和表单

表单概述 \<form\> 标签

表单控件 input、select、textarea

HTML5 input 控件新增功能

HTML5 表单控件新增属性

表单综合案例——用户信息注册页面

表单

图 3-24　本单元知识点总结

习　题

一、填空题

用于跨行合并的标签是＿＿＿＿＿＿，用于跨列合并的标签是＿＿＿＿＿＿。

二、选择题

1.（多选）下列选项中，属于创建表格的基本标签是（　　　）。

　　A．\<table\>\</table\>　　　　　　　　　　B．\<tr\>\</tr\>

　　C．\<td\>\</td\>　　　　　　　　　　　　D．\<title\>\</title\>

2．（单选）<form> 与 </form> 之间的表单控件是由用户自定义的。下列选项中，不属于表单标记 <form> 的常用属性的是（　　　）。

　　A．action　　　　　B．size　　　　　　C．method　　　　　D．name

3．（多选）下列选项中，属于单行文本框属性的是（　　　）。

　　A．maxlength　　B．name　　　　　　C．value　　　　　　D．size

三、简答题

1．请简要介绍表单的三个核心元素。

2．请简述 HTML5 的表单验证功能，并列举 HTML5 自带的两种验证方式。

拓展实训

1．运用 input 控件的相关知识，模拟交规考试中的单选题和多选题，具体要求如下：

1）定义一个名为"交规考试选择题"的标题。

2）定义选择按钮的题干。

3）定义单选按钮和复选框。

效果如图 3-25 所示。

2．通过表单可以统一收集用户信息，制作一个表单注册页面，具体要求如下：

1）定义表单域，用户信息主要通过 <input> 标签定义。

2）下拉菜单通过 <select> 标签定义。

3）多行文本框通过 <textarea> 标签定义。

效果如图 3-26 所示。

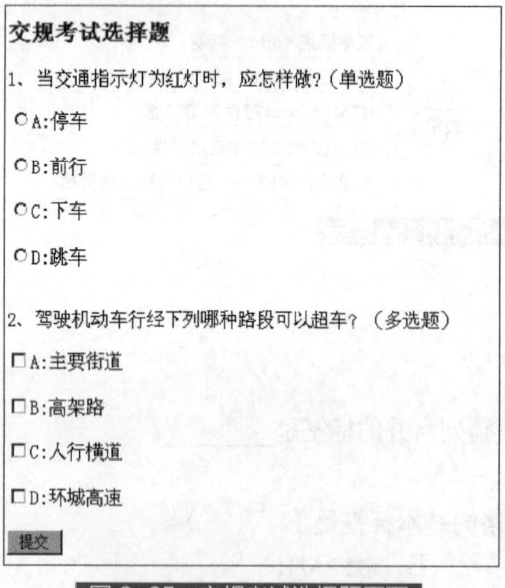

图 3-25　交规考试选择题页面

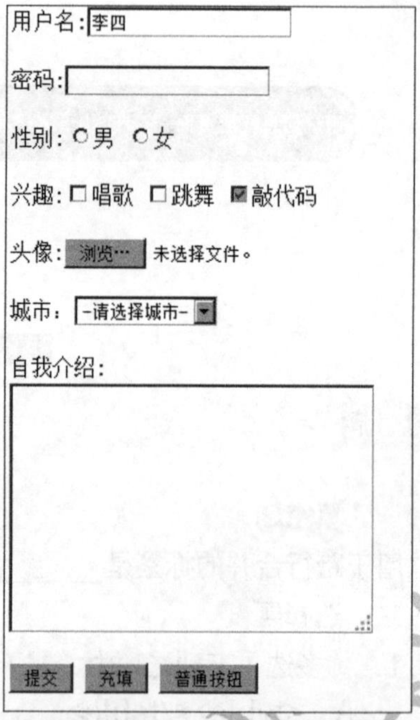

图 3-26　用户信息收集页面

54

单元 4

CSS3基础知识 ■■■■■■■■■■■■■■■■■■■■

学习目标

1. 知识目标

（1）了解 CSS3 的历史；
（2）掌握 CSS3 选择器、单位、字体样式、文本样式、颜色、背景的使用方法；
（3）掌握 CSS3 的语法和特性。

2. 能力目标

（1）能熟练使用 CSS3 设计网页样式；
（2）能熟练使用 CSS3 美化网页样式；
（3）能熟练使用 CSS3 选择器；
（4）掌握 CSS3 字体、背景文本等属性的使用方法，并能美化网页。

3. 素质目标

（1）具有质量意识、安全意识、工匠精神和创新思维；
（2）具有集体意识和团队合作精神；
（3）具有界面设计审美和人文素养；
（4）熟悉软件开发流程和规范，具有良好的编程习惯。

CSS（Cascading Style Sheets）为级联样式单，也被称为层叠样式单，层叠就是样式可以层层叠加，可以多次对一个元素设置样式，后面定义的样式会对前面定义的样式进行重写，在浏览器中看到的效果是使用最后一次设置的样式。本单元将介绍 CSS3 基本选择器及各种属性。

4.1 CSS3 基本概念

4.1.1 CSS3 的作用

CSS3 是一种用来表现 HTML 或 XML 等文件样式的计算机语言。CSS3 不仅可以静态地修饰网页，还可以配合各种脚本语言动态地对网页各元素进行格式化。CSS3 能够对网页中元素的位置进行像素级精确控制，支持几乎所有的字体字号样式，拥有对网页对象和模型样式编辑的能力。

4.1.2 CSS3 基本语法

CSS3 由 selector 和 property:value 两部分组成，语法如下：

```
selector { property1:value1; property2:value2; property3:value3; …… }
```

其中，selector 被称为选择器，选择器决定了样式定义对哪些元素生效。property:value 被称为样式，property 为属性，value 为属性值，每一条样式都决定了目标元素将会发生的变化。样式在实际编写中有以下几点需要注意：

1）一般来说，一行定义一条样式，每条声明末尾都需要加上分号。

2）CSS3 对大小写不敏感，但在实际编写中，推荐属性名和属性值皆用小写。

3）可以将具有相同样式的一系列选择器分成一个组，用逗号将两个选择器隔开。例如：

```
h1,h2,h3,h4,h5,h6{
        color:green;
}
```

4.1.3　CSS3 应用样式

应用 CSS3 样式有以下 3 种方法。

1．行内样式

行内样式也称为内联样式，把 CSS3 样式设置为 HTML 标签的 style 属性值。基本语法格式为：

```
< 标签名 style=" 属性 1: 属性值 1; 属性 2: 属性值 2; 属性 3: 属性值 3;"> 内容 </ 标签名 >
```

2．内部样式

内部样式是将 CSS3 代码集中写在 HTML 文档的 head 头部标签中，并且用 style 标签定义。基本语法格式为：

```
<head>
<style type="text/CSS">
    选择器 { 属性 1: 属性值 1; 属性 2: 属性值 2; 属性 3: 属性值 3;}
</style>
</head>
```

3．外部样式

外部样式是把 CSS3 样式保存到独立的文本文件中，文件扩展名为 .css。

外部样式表必须导入到网页文档中才有效。具体方法有以下两种：

（1）使用 <link> 标签导入

使用 <link> 标签导入外部样式表文件的方法如下：

```
<link href="001.css" rel="stylesheet" type="text/css" />1
```

对各个属性的说明：

href 属性：设置外部样式表文件的地址，可以是相对地址，也可以是绝对地址。

rel 属性：定义关联的文档，这里表示关联的是样式表。

type 属性：定义导入文件的类型，同 style 元素一样，text/css 表明为 CSS3 文本文件。

一般在定义 <link> 标签时，应定义 3 个基本属性，其中 href 是必须设置的属性。

特别说明： 外部样式是 CSS3 应用的最佳方案，一个样式表文件可以被多个网页文件引用，同时一个网页文件可以导入多个样式表，方法是重复使用 link 元素导入不同的样式表文件。本书中为了方便读者样式和样式应用对象的对照学习，通常将 CSS3 样式表与 HTML 放在同一个文档。

（2）使用 @import 关键字导入

在 <style> 标签内使用 @import 关键字导入外部样式表文件的方法如下：

```
<style type="text/css">
    @import url("001.css");
</style>
```

在 @import 关键字后面，利用 url() 函数包含具体的外部样式表文件的地址。

两种导入样式表的方法比较如下：

1）link 属于 HTML 标签，而 @import 是 CSS3 提供的。

2）页面被加载时，link 会同时被加载，而 @import 引用的 CSS3 会等到页面被加载完再加载。

3）@import 只在 IE 5 以上才能识别，而 link 是 HTML 标签，无兼容问题。

4）link 方式的样式权重高于 @import 权重。

5）一般推荐使用 link 导入样式表的方法，@import 可以作为补充方法使用。

4.1.4　CSS3 代码注释

在 CSS3 中增加注释有以下两种形式：

```
/* 单行注释文本 */
```

或者

```
/*
多行
*/
```

4.2　CSS3 基本选择器

4.2.1　元素选择器

最常见的 CSS3 选择器是元素选择器，也称为标签选择器或者类型选择器。文档的元素就是最基本的选择器。如果设置 HTML 的样式，选择器通常是某个 HTML 元素，比如 p、h1、em、a、div，甚至可以是 html 本身。其语法格式如下：

```
E { property1:value1; property2:value2; property3:value3; …… }
```

【实战举例 example4-1. html】使标题 <h2> 变为红色。

```
<!DOCTYPE html>
<html>
<head>
    <meta charset="UTF-8" />
    <title> 元素选择器 </title>
    <style type="text/css">
        h2{
            color: red;
            text-align: center;
```

```
        }
    div{
        width:600px;/* 如果使用 margin 居中，则需要给相应元素设定宽度 */
        margin:0px auto;/* 上下边界为 0，左右依据宽度自适应，即水平居中 */
        }
    img{
        height: 320px;/* 设置图片高度 */
        width: 590px;/* 设置图片宽度 */
        }
    </style>
</head>
<body>
    <h2> 每日一读：书香中国梦 </h2>
    <hr/>
    <div>
        <img src="img/shuxiang.jpg">
    </div>
    <div>
        <p> 在"互联网 +"大潮的推动下，从传统纸质阅读到现代数字阅读，从深阅读到微阅读，
阅读的方式发生着翻天覆地的变化。</p>
        <p> 与此同时，"互联网 + 阅读"的新方式也带来了一些问题，比如版权保护问题凸显，
浅阅读、碎片化的阅读方式也受质疑。</p>
        <p> 对此，有专业人士认为，"互联网 + 阅读"要分两面看，他们在推出各项举措，倡导公众从
"广读书"到"读好书"。（记者 1 记者 2）</p>
    </div>
</body>
</html>
```

运行结果如图 4-1 所示。

图 4-1　元素选择器——新闻标题设计

注意：CSS3 有一个特殊类型的选择器 —— 通配选择器，它使用"*"表示，用来匹配所有标签。一般使用通配选择器统一所有标签的样式。例如，使用下面的样式可以清除所有标签的边距。

```
*{margin:0;padding:0;}
```

通配选择器的优点是可以简单方便地一次性重置所有 HTML 网页元素的浏览器样式，方便后面逐个设置样式，但是缺点是删除了所有的样式可能会导致页面设计效率变低。

4.2.2　ID 选择器

ID 选择器可以为标有特定 ID 的 HTML 元素指定特定的样式。其语法格式如下：

```
E#idValue{ property1:value1; property2:value2; property3:value3; … }
```

在一份 HTML 文档中，ID 值都是唯一的，因为如果出现了两个相同的 ID 值，JavaScript 只会取第一个具有该 ID 值的元素。ID 值通常是以字母开始的，中间可以出现数字、"-"和"_"等。如果以数字开头，某些 XML 解析器会出现问题，ID 值不能出现空格，因为这在 JavaScript 中不是一个合法的变量名。同样，name、class 等属性值的书写规范与 ID 值是一样的，不同的是它们不具备唯一性。

由于 ID 值具有唯一性，通常会将选择器中的 E 省略。ID 选择器虽然已经很明确地选择了某元素，但它依然可以用于其他选择器。例如，用在派生选择器中，可以选择该元素的后代元素或者子元素等。使用 ID 选择器可以实现网页的各种布局（网页布局将在单元 5 介绍）。

【实战举例 example4-2.html】使用 ID 选择器，将 4.2.1 节例题中的图片样式和下方文字部分的宽度区分设计。

```
<!DOCTYPE html>
<html>
<head>
    <meta charset="UTF-8" />
    <title>ID 选择器 </title>
    <style type="text/css">
        h2{
            color: red;
            text-align: center;
            }
        #imgcontent{
            height: 320px;   /* 设置图片高度 */
            width: 590px;    /* 设置图片宽度 */
            margin:0px auto;
            }
        #textcontent{
            width: 700px;        /* 文字区域宽度 */
            margin: 50px auto;   /* 上下边界为 50，与图片有 50px 的间距，左右依据宽度自适应，
                                    即水平居中 */
            color: darkblue;
            }
    </style>
</head>
```

```
<body>
    <h2> 每日一读：书香中国梦 </h2>
    <hr/>
    <div id=+"imgcontent">
        <img src="img/shuxiang.jpg"height="320px"width="590px">
    </div>
    <div id="textcontent">
        <p> 在"互联网＋"大潮的推动下，从传统纸质阅读到现代数字阅读，从深阅读到微阅读，
阅读的方式发生着翻天覆地的变化。</p>
        <p> 与此同时，"互联网＋阅读"的新方式也带来了一些问题，比如版权保护问题凸显，
浅阅读、碎片化的阅读方式也受质疑。</p>
        <p> 对此，有专业人士认为，"互联网＋阅读"要分两面看，他们在推出各项举措，倡导
公众从"广读书"到"读好书"。（记者 1 记者 2）</p>
    </div>
</body>
</html>
```

运行结果如图 4-2 所示。

图 4-2　使用 ID 选择器

4.2.3　类选择器

类选择器可以为指定相同 class 的 HTML 元素指定样式。其语法格式如下：

E.classValue{ property1:value1; property2:value2; property3:value3; … }

元素 E 可以省略，省略后表示在所有的元素中筛选，有相同的 class 属性将会被选择。如果某类型元素的 class 属性相同，那么需要指定 E 的元素名称，如 .important 和 p. important。

class 属性值除了不具有唯一性，其他规范与 ID 值相同，即通常是以字母开头的，值不能出现空格。

类选择器也可以配合派生选择器，与 ID 选择器不同的是，元素可以基于它的类而被选择。

【实战举例 example4-3.html】在 4.2.2 节例题的基础上，设置第一段文字和第三段文字为相同样式。

```html
<!DOCTYPE html>
<html>
<head>
    <meta charset="UTF-8" />
    <title> 类选择器 </title>
    <style type="text/css">
        h2{
            color: red;
            text-align: center;
            }
        #imgcontent{
            height: 320px;   /* 设置图片高度 */
            width: 590px;    /* 设置图片宽度 */
            margin:0px auto;
            }
        #textcontent{
            width: 700px;          /* 文字区域宽度 */
            margin: 50px auto;     /* 上下边界为 50，与图片有 50px 的间距，左右依据宽度自适应，
                                      即水平居中 */
            color: darkblue;
        }
        .textsame
        {
            font-size: 20px;
            color: green;
        }
    </style>
</head>
<body>
    <h2> 每日一读：书香中国梦 </h2>
    <hr/>
    <div id="imgcontent">
        <img src="img/shuxiang.jpg"height="320px"width="590px">
    </div>
    <div id="textcontent">
        <p class="textsame"> 在 "互联网 +" 大潮的推动下，从传统纸质阅读到现代数字阅读，
从深阅读到微阅读，阅读的方式发生着翻天覆地的变化。 </p>
        <p> 与此同时，"互联网 + 阅读" 的新方式也带来了一些问题，比如版权保护问题凸显，浅阅读、
碎片化的阅读方式也受质疑。 </p>
```

<p class="textsame"> 对此，有专业人士认为，"互联网＋阅读"要分两面看，他们在推
出各项举措，倡导公众从"广读书"到"读好书"。（记者1 记者2）</p>
    </div>
  </body>
</html>

运行结果如图 4-3 所示。

图 4-3　使用类选择器

说明： 顾名思义，类选择器指的是相同类的内容设计同样的样式。

4.2.4　属性选择器

可以为拥有指定属性的 HTML 元素设置样式。从广义的角度来看，元素选择器是属性
选择器的特例，是一种忽略指定 HTML 元素的属性选择器。其语法格式如下：

E [attribute]{ property1:value1; property2:value2; property3:value3; … }

需要将属性用方括号括起来，表示这是一个属性选择器。属性选择器的语法格式见表4-1。

表 4-1　属性选择器

语　法	含　义
E[attribute]	用于选取属性带有指定属性的元素
E[attribute=value]	用于选取带有指定属性和指定值的元素
E[attribute~=value]	用于选取属性值中包含指定值的元素，该值必须是整个单词，单词前后可以有空格
E[attribute|=value]	用于选取带有以指定值开头的属性值的元素，该值必须是整个单词或者后面跟着连字符"–"
E[attribute*=value]	用于选取属性值中包含指定属性的元素
E[attribute^=value]	用于选取属性值以指定值开头的元素
E[attribute$=value]	用于选取属性值以指定值结尾的元素

【实战举例 example4-4. html】属性选择器举例。

```html
<!DOCTYPE html>
<html>
    <head>
        <meta charset="UTF-8">
        <title> 属性选择器 </title>
        <style type="text/css">
            [title=" 登录 "]{/* 用于选取带有指定属性和指定值的元素 */
                color:red;
            }
            [title=" 注册 "]{/* 用于选取带有指定属性和指定值的元素 */
                color:green;
                font-size: 18px;
                font-weight: 600;
            }
            [title^=" 这是 "]{/* 用于选取属性值以指定值开头的元素 */
                color:blue;
            }
        </style>
    </head>
    <body>

        <button title=" 登录 " > 登录 </button>
        <button title=" 注册 " > 注册 </button>
        <a  title=" 这是百度 " href="https://wwww.baidu.com">baidu</a>
    </body>
</html>
```

运行结果如图 4-4 所示。

图 4-4　属性选择器

4.2.5　派生选择器

派生选择器依据元素位置的上下文关系来定义样式，在 CSS 1.0 中，这种选择器被称为上下文选择器，CSS 2.0 改名为派生选择器，也叫作父子选择器。派生选择器可以分成以下 4 种。

1. 后代选择器

后代选择器又称为包含选择器，后代选择器可以选择作为某元素后代的元素。其语法格式如下：

```
p em { property1:value1; property2:value2; property3:value3; … }
```

在后代选择器中，规则左边的选择器一端包括两个或多个用空格分隔的选择器。选择器之间的空格是一种结合符（combinator）。每个空格结合符可以解释为"…在…找到""…作为…的一部分""…作为…的后代"，但是要求必须从右向左读选择器。

因此，p em 选择器可以解释为"em 元素作为 p 元素的后代"。如果要从左向右读选择器，可以换成以下说法："包含 em 元素的所有 p 元素会把以下样式应用到该 em 元素"。

在下面的例子中，将用不同颜色样式标注新闻稿的作者。作者在最后一段文字中，故使用后代选择器。

【实战举例 example4-5. html】后代选择器应用。

```html
<!DOCTYPE html>
<html>
<head>
    <meta charset="UTF-8" />
    <title> 后代选择器 </title>
    <style type="text/css">
        h2{
            color: red;
            text-align: center;
          }
        #imgcontent{
            height: 320px;   /* 设置图片高度 */
            width: 590px;    /* 设置图片宽度 */
            margin:0px auto;
          }
        #textcontent{
            width: 700px;          /* 文字区域宽度 */
            margin: 50px auto;     /* 上下边界为 50，与图片有 50px 的间距，左右依据宽度自适应，
                                      即水平居中 */
            color: darkblue;
        }
        .textsame
        {
            font-size: 20px;
            color: green;
        }
        p em{
            color: red;
        }
    </style>
</head>
<body>
    <h2> 每日一读：书香中国梦 </h2>
```

```
<hr/>
<div id="imgcontent">
    <img src="img/shuxiang.jpg"height="320px"width="590px">
</div>
<div id="textcontent">
        <p class="textsame"> 在"互联网＋"大潮的推动下，从传统纸质阅读到现代数字阅读，
从深阅读到微阅读，阅读的方式发生着翻天覆地的变化。</p>
        <p>与此同时，"互联网＋阅读"的新方式也带来了一些问题，比如版权保护问题凸显，浅阅读、
碎片化的阅读方式也受质疑。</p>
        <p class="textsame"> 对此，有专业人士认为，"互联网＋阅读"要分两面看，他们在推出
各项举措，倡导公众从"广读书"到"读好书"。<em>（记者1 记者2）</em></p>
    </div>
</body>
</html>
```

运行结果如图 4-5 所示。

图 4-5　后代选择器

2．子元素选择器

与后代选择器相比，子元素选择器（child selectors）只能选择作为某元素子元素的元素。其语法格式如下：

```
p > em { property1:value1; property2:value2; property3:value3; … }
```

选择器 p > em 可以解释为"选择作为 p 元素子元素的所有 em 元素"。子元素结合符(＞)两边可以有空格，这是可选的。因此，以下写法都没有问题：

```
p > em
p> em
```

p >em

p>em

在下面的例题中，在最后一段加了一个加粗样式，并将后代选择器改为子元素选择器。

【实战举例 example4-6.html】子元素选择器应用，注意观察运行结果，并进行分析。

```
<!DOCTYPE html>
<html>
<head>
    <meta charset="UTF-8" />
    <title> 子元素选择器 </title>
    <style type="text/css">
        h2{
            color: red;
            text-align: center;
            }
        #imgcontent{
            height: 320px;   /* 设置图片高度 */
            width: 590px;    /* 设置图片宽度 */
            margin:0px auto;
            }
        #textcontent{
            width: 700px;    /* 文字区域宽度 */
            margin: 50px auto;    /* 上下边界为 50，与图片有 50px 的间距，左右依据宽度自适应，
                                即水平居中 */
            color: darkblue;
        }
        .textsame
        {
            font-size: 20px;
            color: green;
        }
        p>em{
            color: red;
        }
    </style>
</head>
<body>
    <h2> 每日一读：书香中国梦 </h2>
    <hr/>
    <div id="imgcontent">
        <img src="img/shuxiang.jpg"height="320px"width="590px">
    </div>
    <div id="textcontent">
        <p class="textsame"> 在 "互联网 +" 大潮的推动下，从传统纸质阅读到现代数字阅读，
从深阅读到微阅读，阅读的方式发生着翻天覆地的变化。</p>
        <p> 与此同时，"互联网 + 阅读" 的新方式也带来了一些问题，比如版权保护问题凸显，
浅阅读、碎片化的阅读方式也受质疑。</p>
```

<p class="textsame"><strong> 对此，有专业人士认为，"互联网＋阅读"要分两面看，他们在推出各项举措，倡导公众从"广读书"到"读好书"。<em>（记者 1 记者 2）</em></strong></p>

　　</div>
</body>
</html>

运行结果如图 4-6 所示。

图 4-6　子元素选择器

　　说明： 从运行结果会发现，最后一段文字中的作者文字颜色样式没有进行应用。这是因为加了 <strong> 之后，<em> 就不是 <p> 的子元素了，而是 <strong> 的子元素，所以 p>em 这个样式并没有应用到 <em> 元素中。请思考如何修改选择器。

　　3．相邻兄弟选择器

　　相邻兄弟选择器可选择紧接在另一个元素后的元素，且两者有相同父元素。与后代选择器和子元素选择器不同的是，相邻兄弟选择器针对的元素是同级元素，且两个元素是相邻的，拥有相同的父元素。其语法格式如下：

h1 + p { property1:value1; property2:value2; property3:value3; … }

这个选择器读作："选择紧接在 h1 元素后出现的段落，h1 和 p 元素拥有共同的父元素"。
【实战举例 exampel4-7．html】相邻兄弟选择器应用。

```
<!DOCTYPE html>
<html>
```

```
<head>
    <meta charset="UTF-8" />
    <title> 相邻兄弟选择器 </title>
    <style type="text/css">
        h1 + p{
            color:red;/* 相邻的兄弟元素可以应用，字体颜色为红色 */
        }
    </style>
<body>
    <h1> 相邻兄弟选择器 </h1>
    <p> 是一个相邻的兄弟 </p>
    <p> 不是相邻的兄弟 </p>
</body>
</html>
```

运行结果如图 4-7 所示。

图 4-7　相邻兄弟选择器

4．兄弟选择器

兄弟选择器和相邻兄弟选择器是不一样的。相邻兄弟选择器是指两个元素相邻，拥有同一个父元素；兄弟选择器是第一个元素之后，所有的元素 2 都会被选择，且这些元素和第一个元素拥有同一个父元素，两个元素之间不一定要相邻。其语法格式如下：

元素 1 ~元素 2{propertyl:value1;property2:value2; property3:value3; ...}

【实战举例 example4-8. html】兄弟选择器应用。

```
<!DOCTYPE html>
<html>
<head>
    <meta charset="UTF-8" />
    <title> 兄弟选择器 </title>
    <style type="text/css">
        h2~p{
            color: red;/* 只要是兄弟元素，都能应用，字体颜色为红色 */
        }
    </style>
<body>
    <h1> 兄弟选择器 </h1>
    <p> 是兄弟 </p>
    <h2> 另一个标题 </h2>
    <p> 也是兄弟 </p>
    <h3> 另一个标题 </h3>
    <p> 仍然是兄弟 </p>
    <div>
        <p> 这里在 div 内部，与 h1 元素不是同一个父元素，不会变色 </p>
    </div>
</body>
</html>
```

运行结果如图 4-8 所示。

4.2.6　伪类选择器

在选取元素时，CSS3 除了可以根据元素名、ID、class、属性选取元素，还可以根据元素的特殊状态选取元素，即伪类选择器和伪元素选择器。

伪类是指那些处在特殊状态的元素。伪类名可以单独使用，泛指所有元素，也可以和元素名称连起来使用，特指某类元素。伪类以冒号（：）开头，元素选择符和冒号之间不能有空格，伪类名中间也不能有空格。CSS3 中常用的伪类选择器见表 4-2。

图 4-8　兄弟选择器

表 4-2　常用伪类选择器

伪 类 名	含 义
：active	向被激活的元素添加样式
：focus	向拥有输入焦点的元素添加样式
：hover	向鼠标悬停在上方的元素添加样式
：link	向未被访问的链接添加样式
：visited	向已被访问的链接添加样式
：first-child	向元素添加样式，且该元素是它的父元素的第一个子元素
：lang	向带有指定 lang 属性的元素添加样式
：root	选择文档的根元素，在 HTML 中永远是 <html> 元素
：last-child	向元素添加样式，且该元素是它的父元素的最后一个子元素
：nth-child(n)	向元素添加样式，且该元素是它的父元素的第 n 个子元素
：nth-last-child(n)	向元素添加样式，且该元素是它的父元素的倒数第 n 个子元素
：only-child	向元素添加样式，且该元素是它的父元素的唯一子元素
：first-of-type	向元素添加样式，且该元素是同级同类型元素中的第一个元素
：last-of-type	向元素添加样式，且该元素是同级同类型元素中的最后一个元素
：nth-of-type(n)	向元素添加样式，且该元素是同级同类型元素中的第 n 个元素
：nth-last-of-type(n)	向元素添加样式，且该元素是同级同类型元素中的倒数第 n 个元素
：only-of-type	向元素添加样式，且该元素是同级同类型元素中唯一的元素
：empty	向没有子元素（包括文本内容）的元素添加样式

【实战举例 example4-9. html】伪类选择器应用。

```
<!DOCTYPE html>
<html>
<head>
    <meta charset="UTF-8">
```

```
<title> 伪类选择器 </title>
<style type="text/css">
a:link {  /* 未访问过的链接状态 */
    color: blue;
    font-size: 25px;
    text-decoration: none;  /* 取消下划线 */
    font-weight: 700;
}
a:visited {  /* 已访问过链接 */
    color: orange;
}
a:hover {  /* 鼠标经过链接时候的样子 */
    color: #f10215;
}
a:active {  /* 鼠标按下时候的样子 */
    color: green;
}
</style>
</head>
<body>
    <a href="http://www.asd.com"> 秒杀 </a>
</body>
</html>
```

4.2.7　伪元素选择器

伪元素是指那些元素中特别的内容，与伪类不同的是，伪元素表示的是元素内部的东西，逻辑上存在，但在文档树中并不存在与之对应关联的部分。伪元素选择器的格式与伪类选择器一致。CSS3 将伪类选择器和伪元素选择器进行了明显的区别，CSS3 中伪元素选择器使用两个冒号"：："。CSS3 中常用的伪元素选择器见表 4-3。

表 4-3　常用伪元素选择器

伪元素名	含　义
：：first-letter	向文本的第一个字母添加样式
：：first-line	向文本的第一行添加样式
：：after	在元素之后添加内容
：：before	在元素之前添加内容
：：enabled	向当前处于可用状态的元素添加样式，通常用于定义表单的样式或者超链接的样式
：：disable	向当前处于不可用状态的元素添加样式，通常用于定义表单的样式或者超链接的样式
：：checked	向当前处于选中状态的元素添加样式
：：not(selector)	向不是 selector 元素的元素添加样式
：：target	向正在访问的锚点目标元素添加样式
：：selection	向用户当前选取内容所在的元素添加样式

【实战举例 example4-10. html】在类选择器页面的基础上实现每一段的第一个字母为红色、倾斜、字号为 30px。页面中选中区域背景为黑色，文字为白色高光显示。
```
<!DOCTYPE html>
```

```html
<html>
<head>
    <meta charset="UTF-8" />
    <title> 伪元素选择器 </title>
    <style type="text/css">
        h2{
            color: red;
            text-align: center;
            }
        #imgcontent{
            height: 320px;   /* 设置图片高度 */
            width: 590px;    /* 设置图片宽度 */
            margin:0px auto;
            }
        #textcontent{
            width: 700px;           /* 文字区域宽度 */
            margin: 50px auto;      /* 上下边界为 50, 与图片有 50px 的间距, 左右依据宽度自适应,
                                       即水平居中 */
            color: darkblue;
        }
        ::selection{/* 选中内容颜色变化 */
            background-color: black; /* 选中区域背景黑色 */
            color:white;                   /* 选中区域文字白色 */
        }
        #textcontent p::first-letter{/* 主题内容部分每一段的首文字改变样式 */
            color: red;
            font-size: 30px;
            font-style: italic;

        }
    </style>
</head>
<body>
    <h2> 每日一读: 书香中国梦 </h2>
    <hr/>
    <div id="imgcontent">
        <img src="img/shuxiang.jpg"height="320px"width="590px">
    </div>
    <div id="textcontent">
        <p> 在 "互联网 +" 大潮的推动下, 从传统纸质阅读到现代数字阅读, 从深阅读到微阅读,
阅读的方式发生着翻天覆地的变化。 </p>
        <p> 与此同时, "互联网 + 阅读"的新方式也带来了一些问题,比如版权保护问题凸显,浅阅读、
碎片化的阅读方式也受质疑。 </p>
        <p> 对此, 有专业人士认为, "互联网 + 阅读"要分两面看, 他们在推出各项举措, 倡导公
众从"广读书"到"读好书"。 (记者 1 记者 2) </p>
    </div>
</body>
</html>
```

运行结果如图4-9所示。

图4-9　伪元素选择器

4.3　CSS3字体样式属性

4.3.1　font-size: 字号大小

font-size属性用于设置字号, 该属性的值可以使用相对长度单位, 也可以使用绝对长度单位。其中, 相对长度单位比较常用, 绝对长度单位使用较少。

1．绝对长度单位

绝对长度单位是固定的, 用任何一个绝对长度表示的长度都将恰好显示为这个尺寸。不建议在屏幕上使用绝对长度单位, 因为屏幕尺寸变化很大。但是如果已知输出介质, 则可以使用它们, 例如用于打印布局(print layout)。具体见表4-4。

表4-4　绝对长度单位

单　　位	描　　述
cm	厘米
mm	毫米
in	英寸(1in=96px=2.54cm)
px	像素(1px=1/96in)
pt	点(1pt=1/72in)
pc	派卡(1pc=12 pt)

2. 相对长度单位

相对长度单位规定相对于另一个长度属性的长度单位。相对长度单位在不同渲染介质之间缩放表现得更好，具体见表 4-5。

表 4-5　相对长度单位

单　　位	描　　述
em	相对于元素的字体大小（font-size）（2em 表示当前字体大小的 2 倍）
ex	相对于当前字体的 x-height（极少使用）
ch	相对于"0"（零）的宽度
rem	相对于根元素的字体大小（font-size）
vw	相对于视口宽度的 1%
vh	相对于视口高度的 1%
vmin	相对于视口较小尺寸的 1%
vmax	相对于视口较大尺寸的 1%
%	相对于父元素

4.3.2　font-family: 字体

font-family 属性用于设置字体。网页中常用的字体有宋体、微软雅黑、黑体等，例如将网页中所有段落文本的字体设置为微软雅黑，可以使用如下 CSS 代码：

p{ font-family:" 微软雅黑 ";}

可以同时指定多个字体，中间以逗号隔开，表示如果浏览器不支持第一个字体，则会尝试下一个，直到找到合适的字体。

在 CSS 中设置字体名称，直接写中文是可以的。但是在文件编码（GB2312、UTF-8等）不匹配时会产生乱码的错误。这时候的解决方案如下：

1）使用英文来替代。比如 font-family:"Microsoft Yahei"。

2）在 CSS3 直接使用 Unicode 编码来写字体名称可以避免这些错误。比如 font-family:"\5FAE\8F6F\96C5\9ED1"，表示设置字体为"微软雅黑"。常用字体的Unicode 编码见表 4-6。

表 4-6　常用字体的 Unicode 编码

字 体 名 称	英 文 名 称	Unicode 编码
宋体	SimSun	\5B8B\4F53
新宋体	NSimSun	\65B0\5B8B\4F53
黑体	SimHei	\9ED1\4F53
微软雅黑	Microsoft YaHei	\5FAE\8F6F\96C5\9ED1
楷体 _GB2312	KaiTi_GB2312	\6977\4F53_GB2312
隶书	LiSu	\96B6\4E66
幼圆	YouYuan	\5E7C\5706
华文细黑	STXihei	\534E\6587\7EC6\9ED1
细明体	MingLiU	\7EC6\660E\4F53
新细明体	PMingLiU	\65B0\7EC6\660E\4F53

4.3.3　font-weight: 字体粗细

字体加粗除了用 b 和 strong 标签之外，还可以使用 CSS3 来实现。font-weight 属性用于定义字体的粗细，其可用属性值: normal（标准）、bold（粗体）、bolder（更粗）、lighter（更细）、100 ~ 900（100 的整数倍）。

说明: 数字 400 等价于 normal，而 700 等价于 bold。

4.3.4　font-style: 字体风格

字体倾斜除了用 i 和 em 标签之外，还可以使用 CSS3 来实现。font-style 属性用于定义字体风格，如设置斜体、倾斜或正常字体，其可用属性值如下:

normal: 标准的字体样式。

italic: 斜体的字体样式。

oblique: 倾斜的字体样式。

4.3.5　font: 综合设置字体样式

font 属性用于对字体样式进行综合设置，其基本语法格式如下:

选择器 {font: font-style font-weight font-size/line-height font-family;}

使用 font 属性时，必须按上面语法格式中的顺序书写，不能更换顺序，各个属性以空格隔开。

注意: 其中不需要设置的属性可以省略（取默认值），但必须保留 font-size 和 font-family 属性，否则 font 属性将不起作用。

4.4　CSS3 文本属性

4.4.1　color: 文本颜色

color 属性用于定义文本的颜色，其取值方式有如下 3 种:

1）预定义的颜色值，如 red、green、blue 等。

2）十六进制，如 #FF0000、#FF6600、#29D794 等。实际工作中，十六进制是最常用的定义颜色的方式。

3）RGB 代码，如红色可以表示为 rgb（255,0,0）或 rgb（100%,0%,0%）。

需要注意的是，如果使用 RGB 代码的百分比颜色值，取值为 0 时也不能省略百分号，必须写为 0%。

4.4.2　line-height: 行间距

line-height 属性用于设置行间距，就是行与行之间的距离，即字符的垂直间距，一般称为行高。line-height 常用的属性值单位有 3 种，分别为像素 px、相对值 em 和百分比 %，实际工作中使用最多的是像素 px。

4.4.3　text-align: 水平对齐方式

text-align 属性用于设置文本内容的水平对齐，相当于 HTML 中的 align 对齐属性。

其可用属性值如下：

left：左对齐（默认值）。

right：右对齐。

center：居中对齐。

注意：这个属性是让盒子里面的内容水平居中，而不是让盒子居中对齐。

4.4.4　text-indent：首行缩进

text-indent 属性用于设置首行文本的缩进，其属性值可为不同单位的数值、em 字符宽度的倍数、相对于浏览器窗口宽度的百分比%，允许使用负值，建议使用 em 作为设置单位。1em 就是一个字的宽度，如果是汉字段落，1em 就是一个汉字的宽度。

4.4.5　text-decoration：文本的装饰

text-decoration 通常用于修改链接的装饰效果，具体取值如下：

none：默认取值，定义标准的文本。

underline：定义文本下的一条线，下划线，也是超链接自带的效果。

overline：定义文本上的一条线。

line-through：定义穿过文本的一条线。

4.5　CSS3 背景属性

CSS3 可以添加背景颜色和背景图片，以及进行图片设置。

4.5.1　background-color：背景颜色

可以为任何内容设置背景颜色，背景颜色取值与前面介绍的 color 值相同，不再赘述。

4.5.2　background-image：背景图片

语法：

background-image : none | url (url)

参数：

none：无背景图（默认的）。

url：使用绝对地址或相对地址指定背景图像。background-image 属性允许指定一个图片展示在背景中（只有 CSS3 才可以多背景），可以和 background-color 连用。如果图片不重复，则图片覆盖不到的地方都会填充背景颜色。如果是平铺背景图片，则会覆盖背景颜色。

4.5.3　background-repeat：背景平铺

语法：

background-repeat : repeat | no-repeat | repeat-x | repeat-y

参数：

repeat：默认值。背景图像在纵向和横向上平铺。

no-repeat：背景图像不平铺。

repeat-x：背景图像在横向上平铺。

repeat-y：背景图像在纵向上平铺。

设置背景图片时，默认把图片在水平和垂直方向上平铺以铺满整个元素。

4.5.4 background-position：背景位置

语法：

background-position : length || lengthbackground-position : position || position

参数：

length：百分数，由浮点数字和单位标识符组成的长度值。

position：可取 top、center、bottom、left、center、right。

说明：

设置或检索对象的背景图像位置。必须先指定background-image属性。默认值为(0% 0%)。如果只指定了一个值，该值将用于横坐标，纵坐标将默认为 50%。

注意：

position 后面是 x 坐标值和 y 坐标值，可以使用方位名词或者精确单位。

如果是精确单位和方位名词混合使用，则必须是 x 坐标值在前，y 坐标值在后。比如 background-position: 15px top，则 15px 一定是 x 坐标值，top 是 y 坐标值。实际工作中用得最多的是背景图片居中对齐。

单元总结

本单元主要对 CSS3 的基础知识和基本属性进行了介绍，主要知识点如图 4-10 所示。

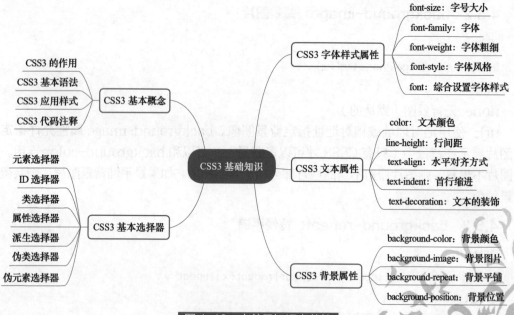

图 4-10　本单元知识点总结

习题

一、填空题

1. 在 CSS 中，设置 <h2> 标签字号为 16 像素且显示红色字体的代码为＿＿＿＿＿＿＿＿。

2. 行内样式也称为内联样式，是通过标签的＿＿＿＿＿＿＿属性来设置元素的样式。

3. 在 CSS 中，用于设置行间距的属性是＿＿＿＿＿＿＿，一般称为行高。

4. text-decoration 是文本修饰属性，其属性值＿＿＿＿＿＿＿是用来设置下划线的。

5. ID 选择器使用＿＿＿＿＿＿＿进行标识，后面紧跟 ID 名。

6. 设置访问后超链接的样式，需要给 <a> 标签添加 CSS3 样式的伪类是＿＿＿＿＿＿＿。

二、选择题

1.（单选）下面的选项中，CSS 样式的格式正确的是（   ）。

　　A. 选择器 { 属性 1: 属性值 1; 属性 2: 属性值 2 属性 3: 属性值 3}

　　B. 选择器 { 属性 1: 属性值 1, 属性 2: 属性值 2, 属性 3: 属性值 3;}

　　C. 选择器 { 属性 1: 属性值 1; 属性 2: 属性值 2; 属性 3: 属性值 3;}

　　D. 选择器 { 属性 1: 属性值 1 属性 2: 属性值 2 属性 3: 属性值 3}

2.（多选）下面的选项中，CSS 样式书写正确的是（   ）。

　　A. p { font-size:12px;color:red;}

　　B. p { font-size=12px;color=red}

　　C. p { font-size:12px;}

　　D. p { font-size:12;color:red;}

3.（多选）下列选项中，属于 target 属性值的是（   ）。

　　A. _double　　　　B. _self　　　　　C. _new　　　　　D. _blank

4.（单选）下列代码中，用于清除列表默认样式的是（   ）。

　　A. list-style:none;　　　　　　B. list-style:0;

　　C. list-style:zero;　　　　　　D. list-style:delete;

5.（多选）关于设置背景图像的代码片段 background:url（images/book.png）no-repeat left center;，下列描述正确的是（   ）。

　　A. url（images/book.png）设置网页的背景图像

　　B. no-repeat 设置背景图像不平铺

　　C. left center 用于控制背景图像的位置

　　D. 在上面的代码中，各个样式顺序任意

6.（单选）CSS3 中，通过链接伪类可以实现不同的链接状态，下列说法错误的是（   ）。

　　A. a:link{ CSS 样式规则 ;} 超链接访问时的状态

　　B. a:visited{ CSS 样式规则 ;} 访问后超链接的状态

　　C. a:hover{ CSS 样式规则 ;} 鼠标悬停时超链接的状态

　　D. a:active{ CSS 样式规则 ;} 鼠标点击不动时超链接的状态

7.（单选）设置超链接 <a> 标签中 <img> 的 border 样式为 none，下列代码书写正确的是（　　）。

A．a .img{ border:none;}　　　　　　B．a#img{ border:none;}

C．a img{border:none;}　　　　　　D．a. img{border:none;}

8.（多选）下面的选项中，没有继承性的 CSS 属性有（　　　　）。

A．字体属性　　　　　　　　　　　B．边框属性

C．边距属性　　　　　　　　　　　D．字号属性

拓展实训

1．制作一个图 4-11 所示 Logo 的效果。

TianTuan

图 4-11　Logo 的效果

具体要求如下：

1）使用外部应用方式引入 CSS 样式表。

2）分别为页面元素定义不同的类。

3）通过控制不同的类，分别将第一个字母和第五个字母"T"设置为黑色、加粗、60px 字体；

第二个字母"i"设置为红色、加粗、60px 字体；

两对"an"字母设置为黄色、加粗、60px 字体；

"U"字母设置为紫色、加粗、60px 字体。

2．运用文本外观属性制作一段《你若安好，便是晴天》的短文

具体要求如下：

1）综合使用元素选择器、ID 选择器及类选择器控制元素。

2）设置所有文本为宋体、14px，行高为 18px。

3）设置标题"你若安好，便是晴天"为 18px、紫色、加粗、居中的效果。

4）设置第一段文本为红色、居中对齐。

5）设置第二段文本为蓝色、首行缩进 2 个字符、字间距为 16px。

6）设置第三段文本为绿色、加粗、斜体。

7）设置第四段文本为紫色、删除线效果。

效果如图 4-12 所示。

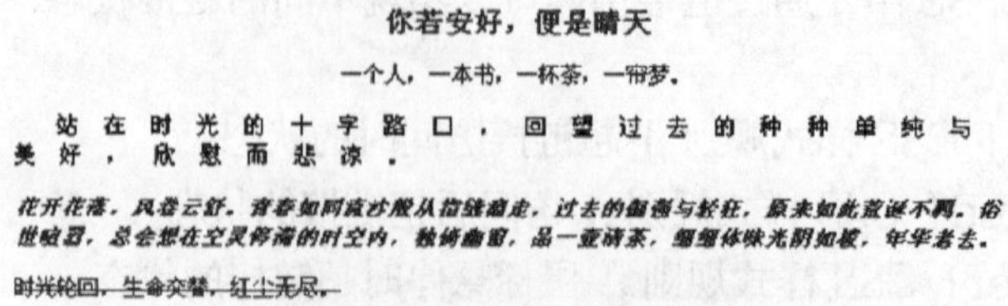

你若安好，便是晴天

一个人，一本书，一杯茶，一册梦.

站 在 时 光 的 十 字 路 口 ， 回 望 过 去 的 种 种 单 纯 与
美 好 ， 欣 慰 而 悲 凉 。

花开花落，风卷云舒，青春如同流沙般从指缝溜走，过去的懵懂与轻狂，原来如此放诞不羁。俗
世被困，总会想在空灵静谧的时空内，执纸幽留，品一盏清茶，细细体味光阴如梭，年华老去。

时光轮回，生命交替，红尘无尽.

图 4-12　文本外观属性应用

单元 5

常规网页布局设计——CSS3高级应用 ■■■■■

学习目标

1. 知识目标

（1）掌握 CSS3 盒子模型的概念和属性；

（2）掌握 CSS3 常规网页布局；

（3）精通 CSS3 浮动和定位的概念和使用方法；

（4）掌握 CSS3 弹性布局使用方法；

（5）掌握 CSS3 变形与动画。

2. 能力目标

（1）能熟练使用 CSS3 盒子模型设计开发动态网页；

（2）能熟练使用 CSS3 选择器、浮动、定位、弹性布局等属性开发动态网页；

（3）能熟练使用 CSS3 选择器、变形、动画等属性美化网页。

3. 素质目标

（1）具有质量意识、安全意识、工匠精神和创新思维；

（2）具有集体意识和团队合作精神；

（3）具有界面设计审美和人文素养；

（4）熟悉软件开发流程和规范，具有良好的编程习惯。

CSS3 样式主要是美化网页中的所有元素。现代 Web 前端设计与开发中，CSS3 的功能不断扩展，具体体现在DIV+CSS的网页布局以及在网页中各类特殊布局效果的呈现。本单元主要进行盒子模型、布局、浮动、定位、弹性布局、变形与动画等 CSS3 高级应用讲解。

5.1 CSS3 盒子模型

所谓盒子模型就是把 HTML 页面中的元素看作是一个矩形的盒子，也就是一个盛装内容的容器。每个矩形都由元素的内容、内边距（padding）、边框（border）和外边距（margin）组成。CSS3 盒子模型如图 5-1 所示。

对不同部分的说明：

内容：盒子的内容，其中显示文本和图像。

内边距：清除内容周围的区域。内边距是透明的。

边框：围绕内边距和内容的边框。

外边距：清除边框外的区域。外边距是透明的。

盒子模型允许在元素周围添加边框，并定义元素之间的空间。

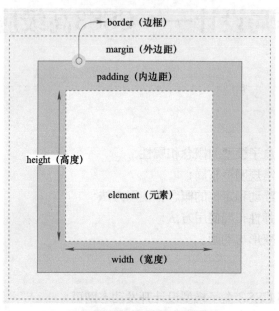

图 5-1　CSS3 盒子模型

【实战举例 example5-1.html】盒子模型举例。

```
<!DOCTYPE html>
<html>
    <head>
        <meta charset="UTF-8" />
        <title> 盒子模型初探 </title>
        <style type="text/css">
            div {
                background-color: white;
                width: 300px;
                height: 200px;
                border: 15px solid orange;
                padding: 50px;       /* 盒子的内边距 */
                margin: 20px;        /* 盒子的外边距 */
            }
        </style>
    </head>
    <body>
        <h1> 盒子模型举例 </h1>
        <hr/>
        <div id="box"> 测试数据 </div>
    </body>
</html>
```

运行结果如图 5-2 所示。

图 5-2　盒子模型举例

5.1.1　CSS3 内边距属性

元素的内边距在边框和内容区之间。控制该区域最简单的属性是 padding 属性。CSS3 内边距常用属性见表 5-1。

表 5-1　CSS3 内边距常用属性

属　　性	含　　义	属　性　值	继　承
padding-top	定义元素的上内边距	长度 / 百分比 /inherit	否
padding-right	定义元素的右内边距		
padding-bottom	定义元素的下内边距		
padding-left	定义元素的左内边距		
padding	用一个声明定义所有内边距属性	auto/ 长度 / 百分比 /inherit	

按照上右下左的顺序定义，也可以省略方式定义；还可以通过 padding-top、padding-bottom、padding-left、padding-right 精准控制内边距。其属性值可以是 auto（自动）、长度（不允许使用负数）、百分比（相对于父元素宽度的比例）、inherit。

【实战举例 example5-2. html】内边距示例。

```
<!DOCTYPE html>
<html>
    <head>
        <meta charset="UTF-8">
        <title>CSS 内边距 </title>
    </head>
```

```
<style type="text/css">
    h1.special_title{
        background-color: red;
        padding-top: 10px;
        padding-right: 0.25em;
        padding-bottom: 2ex;
        padding-left: 20%;
    }
</style>
<body>
    <h1>CSS 内边距 </h1>
    <h1 class="special_title">CSS 内边距 </h1>
</body>
</html>
```

运行结果如图 5-3 所示。

对尺寸再次进行说明：

1）px 是像素（pixel），相对长度单位。像素是相对于显示器屏幕分辨率而言的。

2）em 是相对长度单位，相对于当前对象内文本的字体尺寸。如果当前对象内文本的字体尺寸未被人为设置，则相对于浏览器的默认字体尺寸。

图 5-3　CSS3 内边距举例

3）ex 是相对长度单位。相对于字符 "x" 的高度。此高度通常为字体尺寸的一半。如当前对象内文本的字体尺寸未被人为设置，则相对于浏览器的默认字体尺寸。

4）% 是相对长度单位。相对于浏览器窗口的大小。

5.1.2　CSS3 值复制

在设置边距时，通常会按照上右下左的顺序依次输入，具体如下：

padding:10px 10px 10px 10px;

可以简写成如下形式：

padding:10px;

然后按照一定的顺序进行值复制，这里以 padding:10px 为例进行说明。

padding:10px 只定义了上内边距，按顺序右内边距将复制上内边距，变成如下形式：

padding:10px 10px;

padding:10px 10px 只定义了上内边距和右内边距，按顺序下内边距将复制上内边距，变成如下形式：

padding:10px 10px 10px;

padding:10px 10px 10px 只定义了上内边距，右内边距和下内边距，按顺序左内边距将复制右内边距，变成如下形式：

padding:10px 10px 10px 10px;

根据这个规则，可以省略相同的值。

padding:10px 5px 9px 5px 可以简写成 padding:10px 5px 9px。

padding:10px 5px 10px 5px 可以简写成 padding:10px 5px。

但 padding:10px 5px 5px 9px 和 padding:10px 10px 10px 5px 虽然出现了值重复，但没有办法简写。

5.1.3 CSS3 外边距属性

元素的外边距是围绕在元素边框的空白区域。设置外边距会在元素外创建额外的"空白"。CSS3 外边距常用属性见表 5-2。

表 5-2　CSS3 外边距常用属性

属　性	含　义	属　性　值	继　承
margin-top	定义元素的上外边距	长度 / 百分比 /inherit	否
margin-right	定义元素的右外边距		
margin-bottom	定义元素的下外边距		
margin-left	定义元素的左外边距		
margin	用一个声明定义所有外边距属性	auto/ 长度 / 百分比 /inherit	

控制该区域最简单的属性是 margin，也可以通过 margin-top、margin-bottom、margin-left、margin-right 精准控制外边距。其属性值可以是 auto（自动）、长度（不允许使用负数）、百分比（相对于父元素高度的比例）、inherit。

【实战举例 example5-3.html】外边距示例。

```html
<!DOCTYPE html>
<html>
    <head>
        <meta charset="UTF-8">
        <title>CSS3 外边距 </title>
    </head>
    <style type="text/css">
        h1.special_title{
            background-color: red;
            margin: 2cm;
        }
    </style>
    <body>
        <h1>CSS 外边距 </h1>
        <hr />
        <h1 class="special_title">CSS 外边距 </h1>
        <hr />
    </body>
</html>
```

运行结果如图 5-4 所示。

图 5-4　CSS 外边距举例

Web前端开发案例教程——HTML5+CSS3+JavaScript+jQuery

5.1.4 CSS3 边框属性

CSS3 边框是可以围绕元素内容和内边距的一条或多条线，对这些线条，可以自定义它们的样式、宽度及颜色。CSS3 边框属性见表 5-3。

表 5-3 CSS3 边框属性

	属性	含义	属性值
样式	border-top-style	设置上边框的样式属性	none/hidden/dotted/dashed/solid/double/groove/ridge/inset/outset/inherit
	border-right-style	设置右边框的样式属性	
	border-bottom-style	设置下边框的样式属性	
	border-left-style	设置左边框的样式属性	
	border-style	设置 4 条边框的样式属性	
宽度	border-top-width	设置上边框的宽度属性	thin/medium/thick/长度/inherit
	border-right-width	设置右边框的宽度属性	
	border-bottom-width	设置下边框的宽度属性	
	border-left-width	设置左边框的宽度属性	
	border-width	设置 4 条边框的宽度属性	
颜色	border-top-color	设置上边框的颜色属性	颜色名/十六进制数/RGB 函数/transparent/inherit
	border-right-color	设置右边框的颜色属性	
	border-bottom-color	设置下边框的颜色属性	
	border-left-color	设置左边框的颜色属性	
	border-color	设置 4 条边框的颜色属性	
复合	border-top	用一个声明定义所有上边框属性	border-top-width border-top-style border-top-color
	border-right	用一个声明定义所有右边框属性	border-right-width border-right-style border-right-color
	border-bottom	用一个声明定义所有下边框属性	border-bottom-width border-bottom-style border-bottom-color
	border-left	用一个声明定义所有左边框属性	border-left-width border-left-style border-left-color
	border	用一个声明定义所有边框属性	border-width border-style border-color

CSS3 新增属性见表 5-4。

表 5-4 CSS3 新增属性

	属性	含义	属性值
圆角边框	border-top-left-radius	设置左上角圆角边框	长度/百分比
	border-top-right-radius	设置右上角圆角边框	
	border-bottom-left-radius	设置左下角圆角边框	
	border-bottom-right-radius	设置右下角圆角边框	
	border-radius	一条声明 4 个圆角边框	
阴影	box-shadow	设置一个或多个阴影	h-shadow/v-shadow/blur/spread/color/inset

1．边框的样式

样式是边框最重要的一个方面，如果没有样式，就没有边框，这时谈论边框的颜色和宽度都是毫无意义的。CSS3边框样式定义了10种样式效果，详细介绍如下：

none：无边框效果，默认值。

hidden：效果与"none"相同。但对于表格，hidden用于解决边框冲突。

dotted：点线边框效果，该效果在浏览器中支持性一般。

dashed：虚线边框效果。

solid：实线边框效果。

double：双线边框效果，双线的间隙宽度取决于border-width的值。

groove：3D凹槽边框效果。

ridge：3D凸槽边框效果。

inset：3D凹入边框效果。

outset：3D凸起边框效果。

inherit：从父元素继承边框样式。

可以使用border-style一次定义4条边框的样式，定义顺序为上右下左，其中可以利用值复制的规则简写，也可以通过border-top-style、border-right-style、border-bottom-style和border-left-style精准定义每条边框的样式。

2．边框的宽度

该属性与边框的样式相同，可以使用border-width一次定义4条边框的宽度，定义顺序为上右下左，其中可以利用值复制的规则简写，也可以通过border-top-width、border-right-width、border-bottom-width和border-left-width精准定义每条边框的宽度。

它的取值可以是系统定义的3种标准边框，即thin（细的边框）、medium（标准边框，默认值）、thick（粗的边框）；还可以使用自定义的长度定义边框的粗细。

3．边框的颜色

该属性与边框的样式相同，可以使用border-color一次定义4条边框的颜色，定义顺序为上右下左，其中可以利用值复制的规则简写，也可以通过border-top-color、border-right-color、border-bottom-color和border-left-color精准定义每条边框的颜色。

颜色取值前面已经介绍过，可以直接写颜色名，也可以直接输入十六进制颜色值，还可以直接输入RGB函数值。边框还提供了一种透明色（transparent），这种经常用于预留一个边框，可以提供两个效果：一是和其他有边框的元素保持位置对齐；二是很容易实现一种焦点提醒效果，如鼠标移走的是普通文本，鼠标放置在上边会出现红色边框提醒用户，提升用户体验。

4．边框的复合用法

CSS为每一条边框提供一条声明即可完成定义的属性，即border-top、border-right、border-bottom和border-left。它们的属性值分别为自己对应边框位置的样式、宽度、颜色，用空格隔开。其中，宽度和颜色可以省略。

CSS也提供了一次对4条边框设置的属性：border。它的属性值是border-width

border-style 和 border-color，用空格隔开。其中，border-width 和 border-color 可以省略。

5．圆角边框

圆角边框的含义非常简单，就是让一个方框原来的直角变为圆角。使用的方法如下：

```
border-radius:50%; /* 让一个正方形变成圆圈 */
```

5.1.5　CSS3 轮廓属性

CSS3 轮廓是绘制在元素周围的一条线，位于边框边缘的外围，可起到突出元素的作用。轮廓不会占用页面实际的物理布局。CSS3 轮廓属性见表 5-5。

表 5-5　CSS3 轮廓属性

属　　性	含　　义	属　性　值	继　　承
outline-style	定义轮廓的样式属性	none/dotted/dashed/solid/double/groove/ridge/inset/outset/inherit	
outline-color	定义轮廓的颜色属性	颜色名 / 十六进制数 /RGB 函数 /invert/inherit	否
outline-width	定义轮廓的宽度属性	thin/medium/thick/ 长度 /inherit	
outline	同一个声明中定义所有的轮廓属性	outline-color/outline-style/outline-width/inherit	

1．轮廓的样式

outline-style 用于设置轮廓的样式，该属性同边框，如果不设置轮廓的样式，outline-color 和 outline-width 这两个属性就没有意义。与边框样式相比，轮廓样式取值少了一个 hidden。

2．轮廓的颜色

outline-color 用于设置轮廓的颜色，取值可以直接写颜色名，也可以直接输入十六进制颜色值，还可以直接输入 RGB 函数值。outline-color 还增加了一个属性值 invert，这个属性值为默认属性值，表示相对于背景反转颜色，这样可以使轮廓在不同的背景颜色中都是可见的。

3．轮廓的偏移

outline-offset 属性对轮廓进行偏移，并在边框边缘进行绘制。

4．轮廓的复合用法

同一个声明中定义所有的轮廓属性：outline。它的属性值是由 outline-style、outline-color、outline-width 组成的语句，用逗号隔开。其中，outline-color 和 outline-width 是可以省略的。

5.1.6　盒子模型综合案例——用户登录页面美化

【实战举例 example5-4.html】应用盒模型相关知识，完成用户登录页面的美化（涉及内边距、外边距、边框、圆角边框等知识点）。

```
<!DOCTYPE html>
<html>
```

```
<head>
    <meta charset="UTF-8">
    <title> 欢迎登录 </title>
    <style type="text/css">
        *{
            margin: 50;/* 设置初始外边距 */
            padding: 0;/* 设置初始内边距 */
        }
        #header{     /* 做一个登录页面的头部 */
            width: 900px;
            margin: 0 auto;   /*margin: 0 auto 可以保持头部区域居中 */
        }
        h1{
            text-align: center;/* 标题部分居中 */
        }
        #content{    /* 做一个登录页面的表单区域 */
            width: 900px;
            margin: 0 auto;   /*margin: 0 auto 可以保持头部区域居中 */
        }
        .formitem /* 设置表单区域用户名和密码框的样式 */
        {
            border:1px solid #a1a1a1;
            padding:10px 40px;
            margin: 5px auto;
            width:350px;
            border-radius:10px;
        }
        #submit{  /* 设置表单区域按钮的样式 */
            width: 350px;
            height: 60px;
            padding:0px 40px;
            margin: 0px 280px;
            border:0px;
            background:cadetblue;
            border-radius:25px;
            font-family: " 微软雅黑 ";
            font-size: x-large;
            color: white;
        }

    </style>
</head>
<body>
    <div id="header">
        <h1> 欢迎登录 </h1>
        <hr/>
    </div>
    <div id="content">
```

```
            <form action=" "method="post">
                <div class="formitem" > 用户名 <input type="text" name="username" id="username"
value=" "/>
                </div>
                <div class="formitem" > 密     码 <input type="password"name=
"passowrd"id="password" value=" "/>
                </div>
                <div><input type="submit" id="submit" value=" 登录 "/>
                </div>
            </form>
        </div>
    </body>
</html>
```

运行结果如图 5-5 所示。

图 5-5   盒子模型综合应用

5.2   CSS3 常见网页布局实现

布局属性指的是文档中元素排列显示的规则。HTML 中提供了以下 3 种布局方式。

普通文档流（普通流、标准流）：文档中的元素按照默认的显示规则排版布局，即从上到下，从左到右；块级元素独占一行，行内元素会按顺序依次前后排列，直到在当前行遇到了边界，然后换到下一行的起点继续排列，元素内容之间不会重叠显示。本节之前学过的所有布局方式都是普通文档流。

浮动：设定元素脱离标准流，向某一个方向浮起来的方式排列元素。从上到下，按照指定方向见缝插针；设置为浮动的元素不会重叠显示，但是浮动的元素往往会遮盖住下方标准流的内容。

定位：直接定位元素在文档或者父元素中的位置，表现为漂浮在指定元素上方，脱离了文档流；表示元素可以重叠在一块区域内，按照显示的级别以覆盖的方式显示。

在制作网页时，要想使页面结构清晰、有条理，就需要对网页进行"排版"，也就是布局。网页布局中，是如何把里面的文字、图片按照效果图排列得整齐有序呢？如果把整个网页看作是由不同的盒子搭建起来的一个整体，网页布局的过程就是把各种网页元素（如文字或者图片）放入每个盒子，然后利用 CSS3 摆放盒子的过程。比如小米的官方网站如图 5-6 所示。

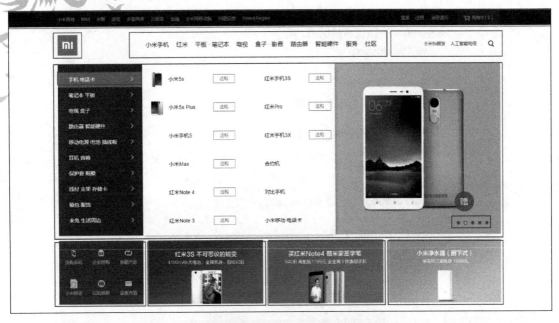

图 5-6　小米官网首页 - 部分截图

为了提高网页制作的效率，布局时通常需要遵守一定的布局流程，具体如下：

1）确定页面的版心（可视区）。"版心"（可视区）是指网页中主体内容所在的区域。一般在浏览器窗口中水平居中显示，常见的宽度值为960px、980px、1000px、1200px等。

2）分析页面中的行模块，以及每个行模块中的列模块。

3）制作 HTML 结构。

4）CSS3 初始化，然后开始运用盒子模型的原理，通过 DIV+CSS 布局来控制网页的各个模块。

下面介绍几个常见的网页布局。

5.2.1　一列固定宽度且居中型

网页通常由头部、主体内容、底部三大块组成，一列固定宽度且居中型的布局如图 5-7 所示。

【实战举例 example5-5.html】实现一列固定宽度且居中型的网页布局。

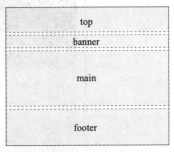

图 5-7　一列固定宽度且居中型

```
<!DOCTYPE html>
<html>
    <head>
        <meta charset="UTF-8">
        <title> 网页布局 - 一列固定宽度且居中 </title>
        <style  type="text/css">
            .top{   /* 页面顶部 */
                width: 960px;
                height: 150px;
                margin: 0 auto;
                background-color: cadetblue
```

```
        }
        .banner{    /* 页面导航区域 */
            width: 960px;
            height: 50px;
            margin: 0 auto;
            background-color: gray;
        }
        .main{    /* 页面主体部分 */
            width: 960px;
            height: 450px;
            margin: 0 auto;
            background-color: gainsboro;
        }
        .footer{    /* 页面底部 */
            width: 960px;
            height: 30px;
            margin: 0 auto;
            background-color: goldenrod;
        }
    </style>
</head>
<body>
    <div class="top"></div>
    <div class="banner"></div>
    <div class="main"></div>
    <div class="footer"></div>
</body>
</html>
```

运行结果如图 5-8 所示。

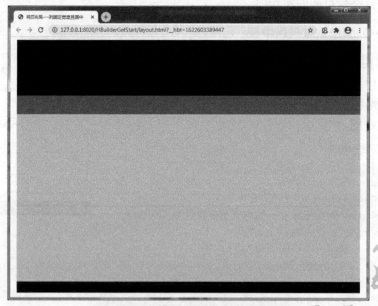

图 5-8　一列固定宽度且居中型实例

5.2.2 两列左窄右宽型

网页通常由头部、导航、主体、底部 4 个部分组成，主体部分一般分为两列，两列左窄右宽，如图 5-9 所示。

【实战举例 example5-6.html】实现两列左窄右宽型的网页布局。

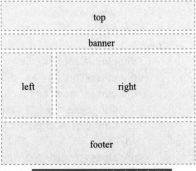

图 5-9 两列左窄右宽型

```html
<!DOCTYPE html>
<html>
    <head>
        <meta charset="UTF-8">
        <title> 网页布局 – 两列左窄右宽型 </title>
        <style  type="text/css">
            .top{  /* 页面顶部 */
                width: 960px;
                height: 150px;
                margin: 0 auto;
                background-color: cadetblue;
            }
            .banner{  /* 页面导航区域 */
                width: 960px;
                height: 50px;
                margin: 0 auto;
                background-color: gray;
            }
            .main{   /* 页面主体部分 */
                width: 960px;
                margin: 0 auto;
                background-color: gainsboro;
                overflow: hidden;/* 通常页面主体部分不设高度，当其中的子盒子有浮动时，会影
                                响底部的布局，所以，需要在父盒子中清除浮动 */
            }
            .left{  /* 两列的左边部分 */
                width:300px;
                height: 450px;
                float: left;
                background-color: wheat;
            }
            .right  /* 两列的右边部分 */
            {
                width:660px;
                height: 450px;
                float: left;
                background-color: white;
            }
            .footer{  /* 页面底部 */
                width: 960px;
                height: 30px;
                margin: 0 auto;
                background-color: goldenrod;
```

```
                    /*clear: both; 如果兄弟盒子没有清除浮动，则需要自行清除浮动的影响 */
            }
        </style>
    </head>
<body>
    <div class="top"></div>
    <div class="banner"></div>
    <div class="main">
        <div class="left"></div>
        <div class="right"></div>
    </div>
    <div class="footer"></div>
</body>
</html>
```

运行结果如图 5-10 所示。

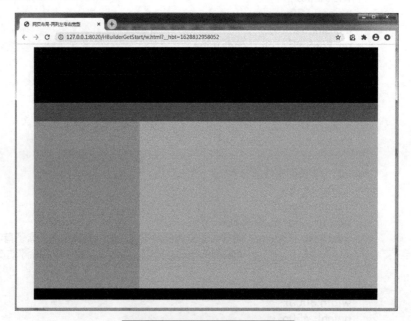

图 5-10　两列左窄右宽型实例

注：页面主体部分的左右两列采用浮动来实现，浮动知识将在下一节展开介绍。

5.2.3　通栏平均分布型

通栏指的是现在大多数网页的 logo 区域和导航区域采用和屏幕一样的宽度，也就是说不设置宽度，其余部分根据实际需要进行各类布局，如图 5-11 所示。

【实战举例 example5-7.html】实现通栏平均分布型的网页布局。

```
<!DOCTYPE html>
<html>
```

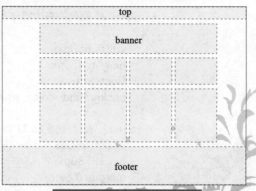

图 5-11　通栏平均分布型

```
<head>
    <meta charset="UTF-8">
    <title> 网页布局 - 通栏平均分布型 </title>
    <style type="text/css">
        .top{  /* 页面顶部 top, 通栏设计，不配宽度 */
            height: 150px;
            background-color: cadetblue;
        }
        .banner{  /* 页面导航区域 banner，有些网页也采用通栏设计，只要不配宽度即可 */
            width: 960px;
            height: 50px;
            margin: 5px auto;
            background-color: gray;
        }
        .mainfirst{  /* 页面主体上半部分 */
            width: 960px;
            margin: 0 auto;
            overflow: hidden;
        }
        .mainitem1{ /* 页面主体上半部分中的第一个小 div 样式设置 */
            width:200px;
            height: 120px;
            float: left;
            background-color: pink;
        }
        .mainitem2,.mainitem3{  /* 页面主体上半部分中的第二个、第三个小 div 样式设置 */
            width:200px;
            height: 120px;
            float: left;
            margin-left: 53px;/* 注意这里值的计算 */
            background-color: pink;
        }
        .mainitem4{  /* 页面主体上半部分最后一个小 div 样式设置 */
            width:200px;
            height: 120px;
            float: right;
            margin-left: 53px;
            background-color: pink;
        }
        .mainsecond{  /* 页面主体下半部分 */
            width: 960px;
            margin: 5px auto;
            overflow: hidden;
        }
        .mainitemone{ /* 页面主体下半部分中的第一个小 div 样式设置 */
            width:200px;
            height: 220px;
```

```
            float: left;
            background-color: yellowgreen;
        }
    .mainitemtwo,.mainitemthree{ /* 页面主体下半部分中的第二个、第三个小 div 样式设置 */
        width:200px;
        height: 220px;
        float: left;
        margin-left: 53px;
        background-color: yellowgreen;
    }
    .mainitemfour{ /* 页面主体下半部分中的最后一个小 div 样式设置 */
        width:200px;
        height: 220px;
        float: right;
        margin-left: 53px;
        background-color: yellowgreen;
        }
    .footer{ /* 页面底部 */
        height: 30px;
        margin: 0 auto;
        background-color: goldenrod;
        /*clear: both; 如果兄弟盒子没有清除浮动，则需要自行清除浮动的影响 */
    }
    </style>
</head>
<body>
    <div class="top"></div>
    <div class="banner"></div>
    <div class="mainfirst">
        <div class="mainitem1"></div>
        <div class="mainitem2"></div>
        <div class="mainitem3"></div>
        <div class="mainitem4"></div>
    </div>
    <div class="mainsecond">
        <div class="mainitemone"></div>
        <div class="mainitemtwo"></div>
        <div class="mainitemthree"></div>
        <div class="mainitemfour"></div>
    </div>
    <div class="footer"></div>
</body>
</html>
```

运行结果如图 5-12 所示。

注：页面主体的每一个小 div 的排列可以采用弹性布局的方式，弹性布局将在后续单元中进行详细介绍。

图 5-12　通栏平均分布型实例

5.3　CSS3 浮动

　　浮动可以使元素脱离普通文档流，CSS3 定义浮动可以使块级元素向左或者向右浮动，直到遇到边框、内边距、外边距或者另一个块级元素位置。图文环绕是浮动常见的使用方法，网页中常见的一行排列几个图片，通常也采用浮动。浮动涉及的常用属性见表 5-6。

表 5-6　CSS3 浮动属性

属　　性	含　　义	属　　性　　值	继　承
float	设置框是否需要浮动及浮动方向	left/right/none/inherit	否
clear	设置元素的哪一侧不允许出现其他浮动元素	left/right/both/none/inherit	否
clip	裁剪绝对定位元素	rect()/auto/inherit	否
overflow	设置内容溢出元素框时的处理方式	visible/hidden/scroll/auto/inherit	否
display	设置元素如何显示	none/block/inline/inline-block/inherit	否
visibility	定义元素是否可见	visible/hidden/collapse/inherit	是

5.3.1　float 图文环绕

　　float 控制元素是否浮动以及如何浮动，可以实现图文环绕布局。当某元素通过该属性设置浮动后，不论该元素是行内元素还是块级元素，都会被当作块级元素处理，即 display 属性被设置为 block。属性值为 left 或者 right，表示向左或者向右浮动，默认值为 none 不浮动。

　　【实战举例 example5-8.html】使用浮动完成一个图文环绕布局。

```html
<!DOCTYPE html>
<html>
<head>
    <meta charset="UTF-8">
    <title> 浮动实现图片环绕 </title>
    <style type="text/css">
        .content{
            width: 1000px;
        }
        /* 电子图书介绍区域，图片样式设置 */
        .bookimg{
            height: 350px;
            width: 300px;
            float: left;/* 图片左浮动 */
        }
        /* 电子图书介绍区域，介绍文字部分样式设置 */
        .discribe{
            height: 350px;
            width: 650px;
            float: left;/* 文字内容左浮动 */
            margin-left: 50px
        }
        h4 {
            color: deeppink;
        }
        p {
            color: #036;
        }
        h3 {
            color: green;
        }
        .author {
            color: orange;
        }
    </style>
</head>
<body>
    <div class="content">
        <div class="bookimg" >
            <img src="img/yjn.jpg" width="100%" height="100%" />
        </div>
        <div class="discribe">
            <h3> 忆江南 <sup>(1)</sup></h3>
            <div class="author"> 唐 . 白居易 </div>
            <p>江南好，风景旧曾谙 <sup>(2)</sup>。日出江花红胜火，春来江水绿如蓝 <sup>(3)</sup>。能不忆江南 ?</p>
            <h4> 作者介绍 </h4>
            <p> 白居易 (772 - 846)，字乐天，太原 ( 今属山西 ) 人。唐德宗朝进士，元和三年 (808)
```

拜左拾遗，后贬江州 (今属江西) 司马，移忠州 (今属四川) 刺史，又为苏州 (今属江苏)、同州 (今属陕西) 刺史。晚居洛阳，自号醉吟先生、香山居士。其诗政治倾向鲜明，重讽喻，尚坦易，为中唐大家。也是早期词人中的佼佼者，所作对后世影响甚大。</p>

　　　　　　　　<h4>注释 </h4>
　　　　　　　　<p>(1) 据《乐府杂录》，此词牌又名"谢秋娘"，系唐李德裕为亡姬谢秋娘作。又名"望江南""梦江南"等。分单调、双调两体。单调二十七字，双调五十四字，皆平韵。(2) 谙 (音安)：熟悉。(3) 蓝：蓝草，其叶可制青绿染料。</p>

　　　　　　　　<h4>品评 </h4>
　　　　　　　　<p> 此词写江南春色，首句"江南好"，以一个既浅切又圆活的"好"字，摄尽江南春色的种种佳处，而作者的赞颂之意与向往之情也尽寓其中。同时，唯因"好"之已甚，方能"忆"之不休，因此，此句又已暗逗结句"能不忆江南"，并与之相关阖。次句"风景旧曾谙"，点明江南风景之"好"，并非得之传闻，而是作者出牧杭州时的亲身体验与亲身感受。这就既落实了"好"字，又照应了"忆"字，不失为勾通一篇意脉的精彩笔墨。三、四两句对江南之"好"进行形象化的演绎，突出渲染江花、江水红绿相映的明艳色彩，给人以光彩夺目的强烈印象。其中，既有同色间的相互烘托，又有异色间的相互映衬，充分显示了作者善于着色的技巧。篇末，以"能不忆江南"收束全词，既托出身于洛阳的作者对江南春色的无限赞叹与怀念，又造成一种悠远而又深长的韵味，把读者带入余情摇漾的境界中。</p>

　　　　　　</div>
　　　　　</div>
　　　</body>
　　</html>

运行结果如图 5-13 所示。

图 5-13　浮动实现图文环绕布局

5.3.2　clear 清除浮动

clear 用于清除浮动。首先来回答为什么要清除浮动？浮动最开始是用来做一些文字混排效果的，但是用来做布局时，会有很多问题出现。比如，由于浮动元素不再占用原文档流的位置，所以它会对后面的元素排版产生影响，比如上述案例中，由于 content 部分没有设置高度，父盒子是由子盒子撑开的，在没有清除的情况下，继续添加一个块级元素，该块级元素将会被压到 content 的下方，而不是出现在 content 之后，如图 5-14 所示。

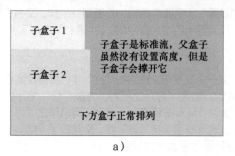
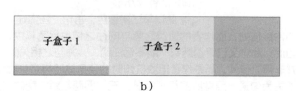

a)　　　　　　　　　　　　　　　　　b)

图 5-14　清除浮动与浮动效果对比

a) 清除浮动后的正常布局　b) 设置浮动后的布局

由图可知，当下面的盒子大于上面的盒子（宽度或者高度）时，下面的盒子能露出一部分，如果小于或者等于，则被上面的盒子覆盖。

为了解决这些问题，此时就需要清除浮动。准确地说，并不是清除浮动，而是清除浮动后造成的影响。清除浮动有两种方法：

（1）在父盒子中清除浮动

在父盒子中清除浮动，本意就是清除子盒子中的浮动影响。语句为：

```
overflow: hidden;
```

（2）在不需要浮动的块级元素中清除浮动

在 CSS3 中，clear 属性用于清除周围浮动，即在不需要浮动的块级元素中设置此属性。其基本语法格式如下：

```
选择器 {clear: 属性值 ;}
```

clear 的属性值描述见表 5-7。

表 5-7　clear 的属性

属 性 值	描　　　　述
left	不允许左侧有浮动元素（清除左侧浮动的影响）
right	不允许右侧有浮动元素（清除右侧浮动的影响）
both	同时清除左右两侧浮动的影响

5.3.3　浮动综合案例——网站导航栏设计

网站首页中，常见横向通栏的导航栏。实现方法即将一个嵌套列表的列表项设计为浮动。

【实战举例 example5-9. html】网站导航栏设计与实现。

```
<!DOCTYPE html>
<html>
<head>
    <meta charset="UTF-8">
    <title> 电子图书首页 </title>
```

```
<style type="text/css">
    *{
        list-style-type: none;/* 无序列表项 type 为 none*/
        margin: 0;
        padding: 0;
        text-decoration:none;
    }
    /* 主导航栏，采用通栏方式 */
    .ph_nav{
        height: 50px;
        background-color: darkblue;
        color: #FFFFFF;
        margin: 15px auto;
    }
    /* 导航区域超链接样式设置 */
    .ph_nav_ul li:link,li:visited{
        color: #ffdcab;
    }
    /* 导航区域超链接样式设置 */
    .ph_nav_ul li:hover{
        color:white;
    }
    /* 设置无序列表样式 */
    .ph_nav_ul{
        height: 50px;
        width: 1020px;/* 无序列表必须设置宽度，方便后面的居中设置，实际中可以根据导航
                        栏目个数进行调整 */
        margin: 0px auto;
    }
    /* 导航区域样式设置 */
    .ph_nav_ul li{
        float: left;  /* 导航区域列表项左浮动，实现横向排列 */
        font-size: 25px;
        line-height: 50px;
        height: 50px;
        width: 200px;
        text-align: center;
    }
</style>
</head>
<body>
    <div class="ph_nav">
        <ul class="ph_nav_ul">
            <li> 首页 </li>
            <li> 文学综合
                <ul>
                    <li> 小说 </li>
```

```
                    <li> 文学 </li>
                    <li> 传记 </li>
                </ul>
        </li>
        <li> 儿童读物
            <ul>
                    <li>0-2 岁 </li>
                    <li>3-6 岁 </li>
                    <li>7-10 岁 </li>
                </ul>
        </li>
        <li> 教辅书目
            <ul>
                    <li> 小学 </li>
                    <li> 初中 </li>
                    <li> 高中 </li>
                </ul>
        </li>
        <li> 考试中心
            <ul>
                    <li> 雅思 </li>
                    <li> 托福 </li>
                    <li> 研究生 </li>
                </ul>
        </li>
        <li> 生活园地
            <ul>
                    <li> 花卉 </li>
                    <li> 宠物 </li>
                    <li> 育儿 </li>
                </ul>
        </li>
        </ul>
    </div>
</body>
</html>
```

运行结果如图 5-15 所示。

图 5-15　浮动网站导航

说明： 此处的二级菜单仍然存在，只是字体颜色设置为了白色，所以看不到，二级菜单的下拉显示与隐藏可参考 8.4 节中的下拉菜单动画。

5.4　CSS3 定位

CSS3 定位主要用于设置目标组件的位置，例如是否漂浮在页面之上。定位在现代前端开发中使用非常广泛，常见的位于盒子底部的导航、位于页面右侧顶部的导航、页面中漂浮的客服区域等，都使用了 CSS3 定位。CSS3 定位常用属性见表 5-8。

表 5-8　CSS3 定位常用属性

属　　性	含　　义	属　性　值	继　　承
position	元素的定位类型	absolute/relative/static/inherit/fixed	否
top	设置定位元素上外边距边界与其包含块上边界之间的偏移	auto/ 长度 / 百分比 /inherit	否
right	设定定位元素右外边距边界与其包含块右边界之间的偏移		
bottom	设置定位元素下外边距边界与其包含块下边界之间的偏移		
left	设置定位元素左外边距边界与其包含块左边界之间的偏移		
z-index	设置元素的堆叠顺序	auto/number/inherit	否

5.4.1　position 位置属性

position 用来指定一个元素在网页上的位置，一共有 5 种定位方式，即：

static：默认值，没有定位，元素将出现在正常的位置，这种方式将会忽略 top、right、bottom、left、z-index 属性。

relative：生成相对定位的元素，相对于其正常位置进行定位，但不会脱离文档流。

absolute：生成绝对定位的元素，相对于 static 定位以外的第一个父元素进行定位，如果一直找不到，则相对于页面定位，位置通过 top、right、bottom、left 进行规定。

fixed：固定定位，定位基点是浏览器窗口。固定在页面上。

sticky：黏性定位，这是一种"动态固定"，跟前面 4 个属性值都不一样，它会产生动态效果，很像 relative 和 fixed 的结合：一些时候是 relative 定位（定位基点是自身默认位置），另一些时候自动变成 fixed 定位（定位基点是浏览器窗口）。后面将逐一进行详细介绍。

5.4.2　定位位置

定位的位置主要依靠 top、right、bottom、left 属性控制。

top：用于设置定位元素相对的对象的顶边偏移的距离，正数向下偏移，负数向上偏移。

bottom：用于设置定位元素相对的对象的底边偏移的距离，正数向上偏移，负数向下偏移。

left：用于设置定位元素相对的对象的左边偏移的距离，正数向右偏移，负数向左偏移。

right：用于设置定位元素相对的对象的右边偏移的距离，正数向左偏移，负数向右偏移。

值得注意的是，如果水平方向同时设置了 left 和 right，则以 left 属性值为准。同样，如果垂直方向同时设置了 top 和 bottom，则以 top 属性值为准。

5.4.3　static 静态定位

static 静态定位是所有元素的默认定位方式，当 position 属性的取值为 static 时，可以将元素定位于静态位置。所谓静态位置就是各个元素在 HTML 文档流中默认的位置。

在静态定位状态下，无法通过边偏移属性（top、bottom、left 或 right）来改变元素的位置。

5.4.4 relative 相对定位

relative 是相对定位，是将元素相对于它在标准流中的位置进行定位，当 position 属性的取值为 relative 时，可以将元素定位于相对位置。

对元素设置相对定位后，可以通过边偏移属性改变元素的位置，但是它在文档流中的位置仍然保留。相对定位示意如图 5-16 所示。

注意：

1）相对定位最重要的一点是，可以通过边偏移移动位置，但是原来所占的位置继续占有。

2）每次移动的位置是以自己的左上角为基点移动（相对于自己来移动位置），也就是说，相对定位的盒子仍在标准流中，它后面的盒子仍以标准流方式对待它（相对定位不脱标）。

如果说浮动的主要目的是让多个块级元素在同一行显示，那么定位的主要价值就是移动位置，让盒子到想要的位置上去。

【实战举例 example5-10.html】实现相对定位。

```html
<!DOCTYPE html>
<html>
<head>
    <meta charset="UTF-8">
    <title> 相对定位 </title>
    <style type="text/css">
        div {
            width: 200px;
            height: 200px;
            background-color: pink;
        }
        .top {/* 上面第一个盒子设置相对定位 */
            position: relative; /* 相对定位时盒子不脱标，相对自己的标准位置进行位移 */
            top: 100px;
            left: 100px;
        }
        .bottom {
            background-color: purple;
        }
    </style>
</head>
<body>
    <div class="top"></div>
    <div class="bottom"></div>
</body>
</html>
```

运行结果如图 5-17 所示。

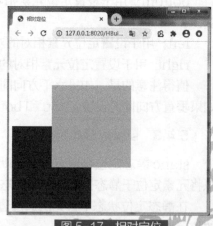

图 5-16　相对定位示意图

图 5-17　相对定位

子盒子 1

子盒子 2 定位到其他地方，但是原来的位置仍然占有

子盒子 3　　子盒子 2

5.4.5　absolute 绝对定位

当 position 属性的取值为 absolute 时，可以将元素的定位模式设置为绝对定位。绝对定位最重要的一点是可以通过边偏移移动位置，但是它完全脱标，完全不占位置。分以下两种情景。

情景一：父级没有定位

若所有父元素都没有定位，以浏览器当前屏幕为准对齐（document 文档）。

【实战举例 example5-11.html】绝对定位应用（父元素没有定位）。

```html
<!DOCTYPE html>
<html>
<head>
    <meta charset="UTF-8">
    <title> 绝对定位 </title>
    <style type="text/css">
        body {
            height: 2000px;
        }
        div {
            width: 100px;
            height: 100px;
            background-color: pink;
        }
        .top {/* 上面第一个盒子设置绝对定位 */
            position: absolute; /* 绝对定位不占位置 跟浮动一样，父元素没有定位时，参考的是浏览器 */
            right: 0;
            bottom: 0;
        }
        .bottom {
            background-color: purple;
        }
    </style>
</head>
<body>
    <div class="top"></div>
    <div class="bottom"></div>
</body>
</html>
```

运行结果如图 5-18 所示。

情景二：父级有定位

图 5-18　绝对定位（父元素没有定位）

绝对定位是将元素依据最近的已经定位（绝对、固定或相对定位）的父元素（祖先）进行定位。此处内容解释在 5.4.8 子绝父相中进行举例说明。

5.4.6　fixed 固定定位——客服区域

fixed 固定定位是绝对定位的一种特殊形式，类似于正方形是一个特殊的矩形。它以浏览器窗口作为参照物来定义网页元素。当 position 属性的取值为 fixed 时，即可将元素的定位模式设置为固定定位。网页中常见的客服区域就可以采用固定定位实现。

当对元素设置固定定位后，它将脱离标准文档流的控制，始终依据浏览器窗口来定义自己的显示位置。不管浏览器滚动条如何滚动也不管浏览器窗口的大小如何变化，该元素都会始终显示在浏览器窗口的固定位置。

固定定位有两个特点：

1）固定定位的元素跟父亲没有任何关系，只认浏览器。

2）固定定位完全脱标，不占有位置，不随着滚动条滚动。

3）IE6 等低版本浏览器不支持固定定位。

【实战案例 example5-12. html】使用 fixed 定位将页面的客服区域固定于网页右下侧。

```
<!DOCTYPE html>
<html>
<head>
    <meta charset="UTF-8">
    <title> 固定定位 </title>
    <style type="text/css">
        body
        {
            height: 1500px;/* 为方便看到效果，给 body 设置一个比较大的高度 */
        }
        .father {
            width: 500px;
            height: 500px;
            background-color: purple;
            margin: 100px;
            position: relative;
        }
        .ad {
            width: 60px;
            height: 293px;
            background-color: white;
            position: fixed;  /* 客服区域固定定位 */
            top:250px;
            right: 100px;
            border: 1px solid gainsboro;/* 给整个客服区域盒子加边框 */
        }
    .icon1,.icon2{/* 只给上面两个格子加下边框线 */
        height: 97px;
        border-bottom: 1px solid gainsboro;

    }
    .icon3{
        height: 97px;
    }
    .txtcontent1,.txtcontent2,.txtcontent3{
        padding-top: 28px;
```

```
        padding-left: 13px;
    }
    .icon1:hover,.icon2:hover,.icon3:hover{/* 每个格子设置鼠标移上去之后的背景色 */
        background-color: red;
    }
    .icon1:hover a,.icon2:hover a,.icon3:hover a{/* 每个格子设置鼠标移上去之后超链接文字的颜色 */
        color: white;
    }
    a{/* 超链接样式：没有下划线，颜色为黑色 */
        text-decoration: none;
        color: black;
    }
    a:hover{/* 鼠标移动到超链接文字上：有下划线 */
        text-decoration: underline;
    }
    </style>
</head>
<body>
    <div class="ad">
        <div class="icon1">
            <div class="txtcontent1"><a href="#"> 个人 <br> 中心 </a></div></div>
        <div class="icon2">
            <div class="txtcontent2"><a href="#"> 售后 <br> 服务 </a></div></div>
        <div class="icon3">
            <div class="txtcontent3"><a href="#"> 人工 <br> 客服 </a></div></div>
    </div>
</body>
</html>
```

5.4.7　sticky 黏性定位

sticky 是黏性定位，可以被认为是相对定位（relative）和固定定位（fixed）的混合。元素在跨越特定阈值前为相对定位，之后为固定定位。

也就是说 sticky 会让元素在页面滚动时如同 relative 定位效果，但当滚动到特定位置时就会固定在屏幕上如同 fixed，这个特定位置就是指定的 top、right、bottom 或 left 四个阈值其中之一。

设置了 sticky 定位的元素的作用区域在其父级元素之内。也就是说黏性布局的效果只在该父元素内表现出来，这一点与 fixed 布局有区别。

【实战举例 example5-13. html】使用 sticky 定位。

```
<!DOCTYPE html>
<html>
<head>
    <meta charset="UTF-8" />
    <title> 黏性定位 </title>
    <style type="text/css">
```

```
         body {
             padding: 20px;
             height: 2000px;
             }
         .container {
             width: 500px;
             border: 5px solid rgb(111,41,97);
             border-radius: .5em;
             padding: 10px;
             position: relative;
             }
         /* 黏性定位元素样式设置 */
         .item {
             height: 30px;
             width: 100%;
             background-color: rgba(111,41,97,.3);
             position: sticky;
             top: 0px;/* 该元素设置黏性定位，始终距离顶部 0px*/
         }
     </style>
</head>
<body>
<body>
    <div class="container">
        <p> 这是一个段落这是一个段落这是一个段落这是一个段落这是一个段落 .</p>
        <div class="item"></div>
        <p> 这是一个段落这是一个段落这是一个段落这是一个段落这是一个段落这是一个段落这是一个
段落这是一个段落这是一个段落这是一个段落这是一个段落这是一个段落这是一个段落这是一个段落这是
一个段落这是一个段落这是一个段落这是一个段落这是一个段落这是一个段落这是一个段落这是一个段落
这是一个段落这是一个段落这是一个段落这是一个段落这是一个段落这是一个段落 .</p>
        <p> 这是一个段落这是一个段落这是一个段落这是一个段落这是一个段落这是一个段落这是一个
段落这是一个段落这是一个段落这是一个段落这是一个段落这是一个段落这是一个段落这是一个段落这是
一个段落这是一个段落这是一个段落这是一个段落这是一个段落这是一个段落这是一个段落这是一个段落
这是一个段落这是一个段落这是一个段落这是一个段落这是一个段落这是一个段落 .</p>
        <p> 这是一个段落这是一个段落这是一个段落这是一个段落这是一个段落这是一个段落这是一个
段落这是一个段落这是一个段落这是一个段落这是一个段落这是一个段落这是一个段落这是一个段落这是
一个段落这是一个段落这是一个段落这是一个段落这是一个段落这是一个段落这是一个段落这是一个段落
这是一个段落这是一个段落这是一个段落这是一个段落这是一个段落这是一个段落 .</p>
    </div>
</body>
</html>
```

5.4.8　子绝父相——轮播控制

　　子绝父相是学习定位的口诀。意思是：子级如果是绝对定位，父级要用相对定位。绝对定位是将元素依据最近的已经定位（绝对、固定或相对定位）的父级元素（祖先）进行定位。就是说，子级是绝对定位，父级只要是定位即可（不管父级是绝对定位、相对定位还是固定定位都可以），即子绝父绝、子绝父相都是正确的。

【实战举例 example5-14. html】使用子绝父相实现轮播图上左右滑动按钮的位置布局。

```html
<!DOCTYPE html>
<html>
    <head>
        <meta charset="UTF-8">
        <title> 子绝父相 </title>
        <style type="text/css">
            .lb{
                width: 590px;
                margin:0 auto;
                position: relative;/* 父盒子设置为相对定位 */
            }
            .left,.right{
                width:25px;
                height: 20px;
                display: block;
                position: absolute;/* 子盒子设置为绝对定位 */
                background-color: gray;
                top:175px;/*50%*/
            }
            a{/* 轮播图上的箭头超链接样式设置 */
                text-decoration: none;
                color: white;
                padding-top: 10px;
                line-height: 5px;
            }
            .left{/* 轮播图上左边箭头样式设置 */
                left: 0;
                border-top-right-radius: 50%;
                border-bottom-right-radius: 50%;
            }
            .right{/* 轮播图上右边箭头样式设置 */
                right: 0;
                border-top-left-radius: 50%;
                border-bottom-left-radius: 50%;
            }
        </style>
    </head>
    <body>
        <div  class="lb">
            <img src="img/read.jpg" width="590px" height="370px"/>
            <a href="#" class="left">&lt;&lt;</a>
            <a href="#" class="right">&gt;&gt;</a>
        </div>
    </body>
</html>
```

运行结果如图 5-19 所示。

图 5-19　子绝父相应用

说明： 因为子级是绝对定位，不会占有位置，可以放到父盒子里面的任何一个地方。父盒子布局时需要占有位置，因此只能是相对定位。

5.4.9　z-index 定位层序

z-index 用于设置目标对象的定位层序，数值越大，所在的层级越高，覆盖在其他层级之上。其默认值是 auto，堆叠顺序与父元素相同。

注意：

1）z-index 的默认属性值是 0，取值越大，定位元素在层叠元素中越居上。

2）如果取值相同，则根据书写顺序，后来居上。

3）后面数字一定不能加单位。

4）只有相对定位、绝对定位、固定定位有此属性，标准流、浮动、静态定位等都无此属性，亦不可指定此属性。

5.4.10　定位综合案例——快捷导航栏

网页中常常需要根据实际任意放置快捷导航栏，比如放置在右上角位置的客户登录、注册、客户信息区域，放置在搜索栏下方的导航栏等。实现方法即将无序列表中的列表浮动设计后，父盒子设置相对定位（或者绝对定位，根据实际需要），子盒子设置绝对定位。

【实战举例 example5-15.html】使用定位实现快捷导航栏的位置设计。

```
<!DOCTYPE html>
<html>
<head>
    <meta charset="UTF-8">
    <title> 快捷导航栏 </title>
    <link rel="shortcut icon" href="http://www.jd.com/favicon.ico" type="images/x-icon"/><!--
给网页标题前添加一个小图标 favicon.ico-->
    <style type="text/css">
```

```css
/* 网页样式初始化 */,一般写在 CSS 样式的 base.css 中 */
*{
    list-style-type: none;/* 无序列表项 type 为 none*/
    margin: 0;
    padding: 0;
    text-decoration:none;/* 取消文本下划线 */
}
/* 顶部通栏样式设置 */
top{
    height: 180px;
    margin: 15px auto;
    }
/* 顶部中间区域盒模型样式设置 */
.topcontent{
    height: 180px;
    width: 1200px;
    position: relative;/* 父级元素为相对定位,相对浏览器 */
    margin: 0 auto;/* 父盒子居中对齐 */
    background-color: burlywood;/* 可根据实际需要添加背景图片 */
}
/* 快捷导航区域样式设置 */
.childnav{
    width: 480px;
    height: 30px;
    background-color:darkgray;/* 此处不放置背景色网页更美观,此处为了让学生看得更
直观,添加一个背景色 */
    margin-top: 10px;
    border-radius: 15px;/* 设置一个圆角样式 */
    margin: 0 auto;
    position: absolute;/* 快捷导航设置绝对定位 */
    left:360px;
    bottom: 0;
}
/* 快捷导航区的列表样式设置 */
.register li{
    float: left;
    text-align: center;
    padding-top: 5px;
    width: 120px;
    }
/* 快捷导航区文本超链接样式设置 */
.register li a:link
{
    color: white;
    text-decoration: none;
    }
.register li a:hover
```

```
            {
                color: orangered;
                text-decoration: none;
            }
        </style>
    </head>
    <body>
        <div class="top">
            <div class="topcontent">
                <div class="childnav">
                    <ul class="register">
                        <li><a href="#"> 秒杀 </a></li>
                        <li><a href="#"> 优惠券 </a></li>
                        <li><a href="#">PLUS 会员 </a></li>
                        <li><a href="#"> 品牌闪购 </a></li>
                    </ul>
                </div>
            </div>
        </div>
    </body>
</html>
```

运行结果如图 5-20 所示。

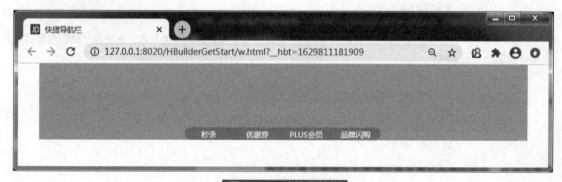

图 5-20　快捷导航栏

5.5　CSS3 弹性布局

2009 年，W3C 提出了一种崭新的方案——Flex 布局（弹性伸缩布局），它可以简便、完整、响应式地实现各种页面布局，包括一直让人很头疼的垂直水平居中。目前，它已经得到了所有浏览器的支持，这意味着，现在就能很安全地使用这项功能。

5.5.1　flex 基本概念

flex 是 Flexible Box 的简称，意为"弹性布局"，用来为盒状模型提供最大的灵活性。采用 flex 布局的元素称为 flex 容器（flex container），简称"容器"。它的所有子元素自动成为容器成员，称为 flex 项目（flex item），简称"项目"。弹性布局示意如图 5-21 所示。

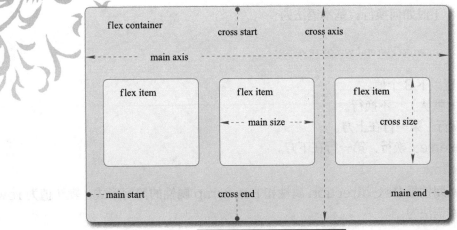

图 5-21　弹性布局示意图

容器默认存在两根轴：水平的主轴（main axis）和垂直的交叉轴（cross axis）。主轴的开始位置（与边框的交叉点）叫 main start，结束位置叫 main end；交叉轴的开始位置叫 cross start，结束位置叫 cross end。

项目默认沿主轴排列。单个项目占据的主轴空间叫作 main size，占据的交叉轴空间叫作 cross size。

Flex 布局相关属性正好分为两步，一步作用在 flex 容器上，还有一步作用在 flex 子项上。无论作用在 flex 容器上，还是作用在 flex 子项，都是控制 flex 子项的呈现，只是前者控制的是整体，后者控制的是个体。

注意：设为 Flex 布局以后，子元素的 float、clear 和 vertical-align 属性将失效。

给 div 这类块状元素设置 display:flex，或者给 span 这类内联元素设置 display: inline-flex，flex 布局即创建。

5.5.2　flex 容器的属性

1．flex-direction

flex-direction 属性决定主轴的方向（即项目的排列方向或者子项整体布局方向）。和 CSS3 的 direction 属性相比多了 flex。基本语法为：

```
.box {
flex-direction:row|row-reverse|column|column-reverse;
}
```

它可以设置以下 4 个值。

row（默认值）：主轴为水平方向，默认情况下起点在左端。如果当前水平文档流方向是 rtl（如设置 direction:rtl），则起点在右端。

row-reverse：主轴为水平方向，起点和 row 相反。

column：主轴为垂直方向，起点在上沿。

column-reverse：主轴为垂直方向，起点在下沿。

2．flex-wrap

默认情况下，项目都排在一条线（又称"轴线"）上。flex-wrap 属性定义了当项目在一条轴线排不下时如何换行。基本语法为：

```
.box{
  flex-wrap: nowrap | wrap | wrap-reverse;
}
```

它可以设置以下 3 个值。

nowrap（默认）：不换行。

wrap：换行，第一行在上方。

wrap-reverse：换行，第一行在下方。

3．flex-flow

flex-flow 属性是 flex-direction 属性和 flex-wrap 属性的简写形式，默认值为 row nowrap。基本语法为：

```
.box {
  flex-flow: <flex-direction> || <flex-wrap>;
}
```

4．justify-content

justify-content 属性定义了项目在主轴上的对齐方式。基本语法为：

```
.box {
  justify-content: flex-start | flex-end | center | space-between | space-around | space-evenly;
}
```

它可以设置以下 6 个值，具体对齐方式与轴的方向有关。下面假设主轴为从左到右。

flex-start（默认值）：左对齐。

flex-end：右对齐。

center：居中。

space-between：两端对齐，项目之间的间隔都相等。

space-around：每个项目两侧的间隔相等。因此项目之间的间隔比项目与边框的间隔大一倍。

space-evenly：是匀称、平等的意思。也就是在视觉上每个 flex 子项两侧空白间距完全相等。

5．align-items

align-items 属性定义项目在交叉轴上的对齐方式。基本语法为：

```
.box {
  align-items: flex-start | flex-end | center | baseline | stretch;
}
```

它可以设置以下 5 个值。具体的对齐方式与交叉轴的方向有关，下面假设交叉轴从上到下。

flex-start：交叉轴的起点对齐。

flex-end：交叉轴的终点对齐。

center：交叉轴的中点对齐。

baseline：项目的第一行文字的基线对齐（字母 x 的下边沿）。

stretch（默认值）：如果项目未设置高度或设为 auto，将占满整个容器的高度，如果 flex 子项设置了高度，则按照设置的高度值渲染，而非拉伸。

6．align-content

align-content 属性定义了多根轴线的对齐方式。如果项目只有一根轴线，该属性不起作用。基本语法为：

```
.box {
    align-content: flex-start | flex-end | center | space-between | space-around | stretch | space-evenly; }
```

该属性可以设置以下 7 个值。

flex-start：与交叉轴的起点对齐。

flex-end：与交叉轴的终点对齐。

center：与交叉轴的中点对齐。

space-between：与交叉轴两端对齐，轴线之间的间隔平均分布。

space-around：每根轴线两侧的间隔都相等。因此轴线之间的间隔比轴线与边框的间隔大一倍。

stretch（默认值）：轴线占满整个交叉轴。

space-evenly：每一行元素都完全上下等分。

5.5.3　item 项目的属性

1．order

order 属性定义项目的排列顺序。数值越小，排列越靠前，默认为 0。基本语法为：

```
.item {
    order: <integer>; /* 整数值，默认值是 0 */
}
```

所有 flex 子项的默认 order 属性值是 0，因此，如果想要某一个 flex 子项在最前面显示，可以设置比 0 小的整数，比如 -1 就可以了。

2．flex-grow

flex-grow 属性中的 grow 是扩展的意思，扩展的就是 flex 子项所占据的宽度，扩展所侵占的空间就是除去元素外的剩余的空白间隙。flex-grow 属性定义项目的放大比例，默认为 0，即如果存在剩余空间，也不放大。基本语法为：

```
.item {
    flex-grow: <number>; /* default 0 */ /* 数值，可以是小数，默认值是 0 不支持负值 */
}
```

如果所有项目的 flex-grow 属性都为 1，则它们将等分剩余空间（如果有的话）。如果一个项目的 flex-grow 属性为 2，其他项目都为 1，则前者占据的剩余空间将比其他项多一倍。

具体规则如下：

1）所有剩余空间总量是 1。

2）如果只有一个 flex 子项设置了 flex-grow 属性值：

① 如果 flex-grow 值小于 1，则扩展的空间就是总剩余空间和这个比例的计算值。

② 如果 flex-grow 值大于 1，则独享所有剩余空间。

3）如果有多个 flex 设置了 flex-grow 属性值：

① 如果 flex-grow 值总和小于 1，则每个子项扩展的空间就总剩余空间和当前元素设

置的 flex-grow 比例的计算值。

② 如果 flex-grow 值总和大于 1，则所有剩余空间被利用，分配比例就是 flex-grow 属性值的比例。例如所有的 flex 子项都设置 flex-grow:1，则表示剩余空白间隙大家等分，如果设置的 flex-grow 比例是 1:2:1，则中间的 flex 子项占据一半的空白间隙，剩下的前后两个元素等分。

3．flex-shrink

shrink 是收缩的意思，flex-shrink 主要处理当 flex 容器空间不足时候，单个元素的收缩比例。flex-shrink 属性定义了项目的缩小比例，默认为 1，即如果空间不足，该项目将缩小。基本语法为：

```
.item {
  flex-shrink: <number>; /* default 1 不支持负值 */
}
```

如果所有项目的 flex-shrink 属性都为 1，当空间不足时，都将等比例缩小。如果一个项目的 flex-shrink 属性为 0，其他项目都为 1，则空间不足时，前者不缩小。

负值对该属性无效。

flex-shrink 的内核与 flex-grow 很相似，flex-grow 是空间足够时如何利用空间，flex-shrink 则是空间不足时如何收缩腾出空间。

两者的规则也是类似。已知 flex 子项不换行，且容器空间不足，不足的空间就是完全收缩的尺寸。

1）如果只有一个 flex 子项设置了 flex-shrink：

① flex-shrink 值小于 1，则收缩的尺寸不完全，会有一部分内容溢出 flex 容器。

② flex-shrink 值大于等于 1，则收缩完全，正好填满 flex 容器。

2）如果多个 flex 子项设置了 flex-shrink：

① flex-shrink 值的总和小于 1，则收缩的尺寸不完全，每个元素收缩尺寸占"完全收缩的尺寸"的比例就是设置的 flex-shrink 的值。

② flex-shrink 值的总和大于 1，则收缩完全，每个元素收缩尺寸的比例和 flex-shrink 值的比例一样。

4．flex-basis

flex-basis 属性定义了在分配多余空间之前，项目占据的主轴空间（main size）。浏览器根据这个属性，计算主轴是否有多余空间。它的默认值为 auto，即项目的本来大小。基本语法为：

```
.item {
  flex-basis: <length> | auto; /* default auto */
}
```

它可以设为与 width 或 height 属性一样的值（比如 350px），则项目将占据固定空间。

5．flex

flex 属性是 flex-grow、flex-shrink 和 flex-basis 的简写，默认值为 0 1 auto。后两个属性可选。基本语法为：

```
.item {
  flex: none | [ <'flex-grow'> <'flex-shrink'> <'flex-basis'> ]
}
```

该属性有两个快捷值: auto (1 1 auto) 和 none (0 0 auto)。

建议优先使用这个属性, 而不是单独写 3 个分离的属性, 因为浏览器会推算相关值。

6. align-self

align-self 属性允许单个项目有与其他项目不一样的对齐方式, 可覆盖 align-items 属性。默认值为 auto, 表示继承父元素的 align-items 属性, 如果没有父元素, 则等同于 stretch。基本语法为:

```
.item {
  align-self: auto | flex-start | flex-end | center | baseline | stretch;
}
```

该属性可取 6 个值, 除了 auto, 其他都与 align-items 属性完全一致。

5.5.4　弹性布局综合案例——商品陈列

在很多电子商务网站都会有一行四个或者一行五个平均分布、大小一样的商品, 这种布局方式通常采用弹性布局。

【实战举例 example5-16.html】实现一行四个盒子的弹性布局 (横向)。

```
<!DOCTYPE html>
<html>
<head>
    <meta charset="UTF-8">
    <title> 弹性布局 </title>
    <style type="text/css">
        /* 弹性布局容器样式设置 */
        .content{
            clear: both;
            margin: 0 auto;
            width: 1200px;
            display: flex;/* 弹性布局 */
            justify-content: space-between;/* 项目对齐方式, space-between 实现平均分布 */
            flex-wrap: wrap;/* 需要换行 */
            }
        /* 弹性布局项目样式设置 */
        box{
            flex-basis: 210px;/* 项目尺寸 */
            height: 295px;
            border: 1px solid red;
            background-color: pink;
            }
    </style>
</head>
<body>
    <div class="content">
```

```
        <div class="box"></div>
        <div class="box"></div>
        <div class="box"></div>
        <div class="box"></div>
    </div>
</body>
</html>
```

运行结果如图 5-22 所示。

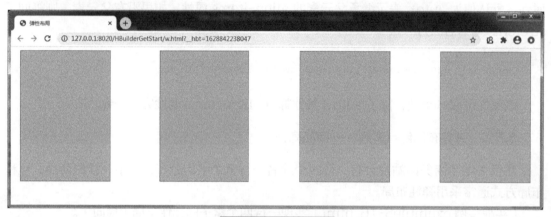

图 5-22 弹性布局

说明：请读者对照 5.2.3，在做几个盒子平均分布布局时，如果使用浮动，在调整位置的地方需要花费比较大的功夫，如果使用弹性布局，则只需设置项目对齐方式，既准确、又快速地实现平均分配的布局方式。盒子中只需要根据实际需要放上图片或者其他内容即可。

5.6 CSS3 变形与动画

5.6.1 CSS3 变形

变形转换是 CSS3 中具有颠覆性的特征之一，可以实现元素的位移、旋转、变形、缩放，甚至支持矩阵方式，配合过渡和即将学习的动画知识，可以取代大量之前只能靠 Flash 才可以实现的效果。

CSS3 提供了两个属性，分别是 transform 和 transform-origin。transform-origin 属性默认值为 transform 元素的中心点，即 50%50%；可以改变这个属性的值，从而改变转换的中心点。transform 用于设置元素的变形，可以设置一个或者一个以上的变形函数，变形分为 2D 变形和 3D 变形，变形函数可以选择。

1. 2D 变形

2D 变形主要通过下面的函数来实现。

rotate()：旋转对象，取值包括度（90deg, 90°）、梯度（如 100grad, 相当于 90°）、弧度（如 1.57rad, 约等于 90°）、圈（如 0.25turn, 等于 90°）。例如：transform:rotate(45deg)，旋转变形如图 5-23 所示。

scale()：缩放对象，包括两个参数值，分别定义宽和高的缩放比例。参数值大于1为放大，小于1并大于0的为缩小。例如：transform:scale(0.8,1)，显示如图 5-24 所示。

图 5-23　旋转变形　　　　　　　　　　图 5-24　缩放变形

translate()：平移对象，包含两个参数值，分别用来定义对象在 x 轴和 y 轴相对于原点的偏移距离。例如：transform:translate(50px, 100px)，显示如图 5-25 所示。

translate(x, y) 的多种用法：

1）translate(x, y) 水平方向和垂直方向同时移动（也就是 x 轴和 y 轴同时移动）。

2）translateX(x) 仅水平方向移动（x 轴移动）。

3）translateY(y) 仅垂直方向移动（y 轴移动）。

skew()：倾斜对象，包含两个参数值，分别用来定义对象在 x 轴和 y 轴倾斜的角度。例如：transform:skew(30deg)，显示如图 5-26 所示。

图 5-25　平移变形　　　　　　　　　　图 5-26　倾斜变形

matrix()：矩阵函数，可以同时实现缩放、旋转、平移和倾斜操作。

【实战举例 example5-17. html】2D 变形。

```
<!DOCTYPE html>
<html>
<head>
    <meta charset="UTF-8" />
    <title>2D 变形 </title>
    <style type="text/css">
        #div1:hover{
        transform: rotate(45deg);/* 旋转 */
        }
        #div2:hover{
        transform: scale(0.5); /* 缩小 */
        }
        #div3:hover{
```

```
        transform: translate(10px,20px); /* 平移 */
        }
        #div4:hover{
        transform: skew(30deg); /* 倾斜 */
        }
    </style>
</head>
<body>
    <div id="div1" style="width: 100px; height: 100px; background: aqua; margin: 20px auto;">
旋转 </div>
    <br />
    <div id="div2" style="width: 100px; height: 100px; background: aqua; margin: 20px auto">
缩放 </div>
    <br />
    <div id="div3" style="width: 100px; height: 100px; background: aqua; margin: 20px auto;">
平移 </div>
    <br />
    <div id="div4" style="width: 100px; height: 100px; background: aqua; margin: 20px auto;">
倾斜 </div>
    <br />
</body>
</html>
```

2. 3D 变形

3D 变形主要通过下面的函数来实现。

3D 平移函数如下：

translatex(<translation-value>)：指定对象 x 轴（水平方向）的平移。

translatey(<translation-value>)：指定对象 y 轴（垂直方向）的平移。

translatez(<length>)：指定对象 z 轴的平移。

translate3d(<translation-value>, <translation-value>, length>)：指定对象的 3D 平移。第 1 个参数对应 x 轴，第 2 个参数对应 y 轴，第 3 个参数对应 z 轴，参数不允许省略。

3D 缩放函数如下：

scalex(<number>)：指定对象 x 轴的（水平方向）缩放。

scaley(<number>)：指定对象 y 轴的（垂直方向）缩放。

scalez(<number>)：指定对象的 z 轴缩放。

scale3d(<number>, <number>, <number>)：指定对象的 3D 缩放。第 1 个参数对应 x 轴，第 2 个参数对应 y 轴，第 3 个参数对应 z 轴，参数不允许省略。

3D 旋转函数如下：

rotatex(<angle>)：指定对象在 x 轴上的旋转角度。

rotatey(<angle>)：指定对象在 y 轴上的旋转角度。

rotatez(<angle>)：指定对象在 z 轴上的旋转角度。

rotate3d(<number>, <number>, <number>, <angle>)：指定对象的 3D 旋转角

度，其中前 3 个参数分别表示旋转的方向 x、y、z，第 4 个参数表示旋转的角度，参数不允许省略。

【实战举例 example5-18. html】应用 3D 变形，实现图片翻转。

```html
<!DOCTYPE html>
<html>
<head>
    <meta charset="UTF-8" />
    <title>3D 变形 </title>
    <style type="text/css">
    .container{
        position: relative;
        width: 140px;
        height: 200px;
    }
    .front{ /* 第一张图片 */
        position: absolute;
        width: 140px;
        height: 200px;
        background-image: url(img/jyn.jpg);
        background-size: cover;/* 把背景图片放大到适合元素容器的尺寸，图片比例不变 */
        backface-visibility: hidden;/* 背面隐藏 */
        transition: transform 1s;
    }
    .back{ /* 第二张图片 */
        position: absolute;
        width: 140px;
        height: 200px;
        background-image: url(img/lx.jpg);
        background-size: cover;
        transform: rotateY(180deg);/* 第二张图片绕 y 轴旋转 180 度 */
        backface-visibility: hidden;/* 图片反面不显示，形成看不见的第二张图片 */
        transition: transform 1s;
    }
    .container:hover .front{
        transform: rotateY(180deg);/* 第一张图片绕 y 轴旋转 180 度 */
    }
    .container:hover .back{
        transform: rotateY(0deg);/* 第二张图片绕 y 轴旋转 0 度，呈现正面 */
    }
    </style>
</head>
<body>
<div class='container'>
    <div class='front'></div>
    <div class='back'></div>
```

```
    </div>
  </body>
</html>
```

5.6.2　CSS3 过渡

CSS3 过渡是元素从一种样式逐渐改变为另一种的效果。通过使用 transition 可以实现过渡效果，并且当前元素只要有"属性"发生变化时即存在两种状态（用 A 和 B 代指），就可以实现平滑的过渡，为了方便演示采用 hover 切换两种状态，但是并不仅局限于 hover 状态来实现过渡。CSS3 过渡常用属性见表 5-9。

表 5-9　CSS3 过渡常用属性

属　　性	描　　述
transition	简写属性，用于在 1 个属性中设置 4 个过渡属性
transition-property	规定应用过渡的 CSS3 属性的名称
transition-duration	定义过渡效果花费的时间，默认是 0
transition-timing-function	规定过渡效果的时间曲线，默认是"ease"
transition-delay	规定过渡效果何时开始，默认是 0

transition-timing-function 属性规定过渡效果的时间曲线，可接受以下值：

linear：规定以相同速度开始至结束的过渡效果（等于 cubic-bezier$(0, 0, 1, 1)$）。

ease：规定慢速开始，然后变快，然后慢速结束的过渡效果（cubic-bezier$(0.25, 0.1, 0.25, 1)$）。

ease-in：规定以慢速开始的过渡效果（等于 cubic-bezier$(0.42, 0, 1, 1)$）。

ease-out：规定以慢速结束的过渡效果（等于 cubic-bezier$(0, 0, 0.58, 1)$）。

ease-in-out：规定以慢速开始和结束的过渡效果（等于 cubic-bezier$(0.42, 0, 0.58, 1)$）。

cubic-bezier(n, n, n, n)：在 cubic-bezier 函数中定义自己的值。可能的值是 $0 \sim 1$ 之间的数值。

【实战举例 example5-19. html】CSS3 过渡。

```
<!DOCTYPE html>
<html>
<head>
    <meta charset="UTF-8" />
    <title>CSS3 过渡 </title>
    <style type="text/css">
    div {
        width: 200px;
        height: 100px;
        background-color: pink;
        /* transition: 要过渡的属性 花费时间 运动曲线 何时开始；*/
```

```
    transition: width 0.6s ease 0s, height 0.3s ease-in 1s;
    /* transtion 写到 div 里面而不是 hover 里面 */
    }
div:hover { /* 鼠标经过盒子，宽度变为 600，高度变为 300 */
    width: 600px;
    height: 300px;
    }
    </style>
</head>
<body>
    <div></div>
</body>
</html>
```

说明： 如果动画需要同时变化，可以使用 transition: all 0.6s; 语句，所有属性都变化用 all，后面两个属性可以省略。

5.6.3　CSS3 动画

CSS3 动画可通过设置多个节点来精确控制一个或一组动画，常用来实现复杂的动画效果。CSS3 动画常用属性见表 5-10。语法格式为：

animation：动画名称　动画时间　运动曲线　何时开始　播放次数　是否反方向；

表 5-10　CSS3 动画常用属性

属　　性	描　　述
@keyframes	定义动画
animation	所有动画属性的简写属性，除了 animation-play-state 属性
animation-name	使用 @keyframes 动画的名称
animation-duration	规定动画完成一个周期所花费的 s 或 ms，默认是 0
animation-timing-function	规定动画的运动曲线，默认是 "ease"。属性值与基本描述与 CSS3 过渡相同
animation-delay	规定动画何时开始，默认是 0
animation-iteration-count	规定动画被播放的次数，默认是 1
animation-direction	规定动画是否在下一周期逆向播放，默认是 "normal"
animation-play-state	规定动画是否正在运行或暂停，默认是 "running"
animation-fill-mode	规定对象动画时间之外的状态

@keyframes：如果在 @keyframes 规则中指定了 CSS3 样式，即创建一个动画名称，动画将在特定时间逐渐从当前样式更改为新样式。要使动画生效，必须将动画绑定到某个元素。可以使用 "from" 和 "to" 定义动画的开始和结束，也可以使用百分比规定改变发生的时间。0 是动画开始的时间，100% 是动画结束的时间。

animation-delay：规定动画开始的延迟时间。负值也是允许的，如果使用负值，则动画将开始播放，如同已播放 ns。

animation-iteration-count：指定动画应运行的次数。使用值"infinite"使动画永远持续下去。

animation-direction：指定是向前播放、向后播放还是交替播放动画。可接受以下值：

normal：动画正常播放（向前），默认值。

reverse：动画以反方向播放（向后）。

alternate：动画先向前播放，然后向后。

alternate-reverse：动画先向后播放，然后向前。

在实际开发中，因为浏览器的兼容性，有时需要加上 -moz-、-webit-、-o- 等前缀。

【实战举例 example5-20. html】CSS3 动画。

```html
<!DOCTYPE html>
<html>
<head>
<meta charset="UTF-8">
    <title>CSS3 动画 </title>
    <style type="text/css">
      @keyframes pound {
          from { transform: none; }
          to { transform: scale(1.2); }
          }
      /*Safari 和 Chrome:*/
      @-webkit-keyframes pound {
          from { transform: none; }
          to { transform: scale(1.2); }
          }
      div {
          width:100px;
          height:100px;
          background:red;
          position:relative;
          animation: pound 0.3s infinite;
      }
    </style>
</head>
<body>
    <div></div>
</body>
</html>
```

单元总结

本单元主要对常见的网页布局设计、常用的网页布局方法以及 CSS3 的变形与动画进行介绍，主要知识点如图 5-27 所示。

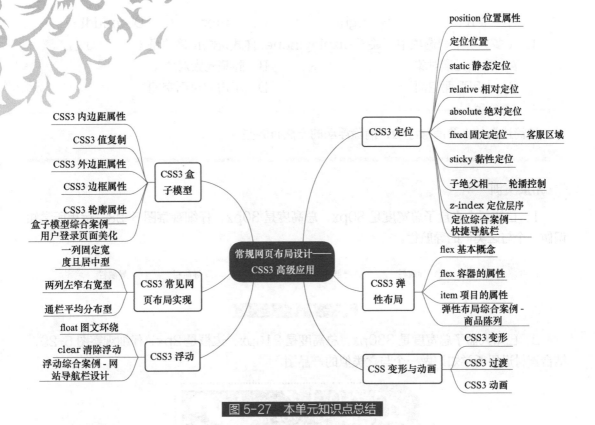

图 5-27　本单元知识点总结

习　题

一、填空题

1. 子绝父相定位包含_____和_____。

2. 用于调整元素内容与边框之间的距离的是_____属性。

3. 在 CSS3 中，用于设置上外边距的是_____属性。

4. 元素主要分为行内元素和块元素，使用_____属性可以转换元素的类型。

5. 在 CSS3 中，将图像作为网页元素的背景，可以通过_____属性实现。

二、选择题

1. （单选）下列代码中，可以用于清除链接图像边框的是（　　　）。

    A. border:0;　　　　　　　　　　　B. margin:0;

    C. padding:0;　　　　　　　　　　 D. list-style:none;

2. （单选）在 CSS3 中，用于设置首行文本缩进的属性是（　　　）。

    A. text-decoration　　　　　　　　　B. text-align

    C. text-transform　　　　　　　　　D. text-indent

3. （多选）text-align 属性用于设置文本内容的水平对齐，其可用属性值有（　　　）。

A. left   B. right   C. center   D. middle

4. （多选）下列选项中，关于 display:none; 样式说法正确的是（　　　　）。

    A. 显示元素对象   B. 隐藏元素对象

    C. 占用页面空间   D. 不占用页面空间

三、简答题

请简述为什么要清除浮动，清除浮动的方法有哪些。

拓展实训

1. 已知每个小盒子总宽度是 80px，总高度是 30px，仔细观察图 5-28，运用所学知识做一个与之类似的导航栏。

| 导航栏 | 导航栏 | 导航栏 | 导航栏 | 导航栏 | 导航栏 |

图 5-28　导航栏效果

2. 已知大盒子总宽度是 330px，总高度是 210px，边框是 2px，仔细观察图 5-29，结合素材运用所学知识做一个与之类似的产品图。

图 5-29　定位完成效果

单元 6

可验证的注册页 —— JavaScript语法基础 ■■■

学习目标

1. 知识目标

（1）掌握 JavaScript 程序的结构；

（2）掌握 JavaScript 的基本语法、变量与数据类型；

（3）掌握 JavaScript 的流程控制语句；

（4）掌握 JavaScript 的函数与变量作用域；

（5）掌握正则表达式的定义与用法。

2. 能力目标

（1）能熟练使用 JavaScript 开发交互效果页面；

（2）能熟练使用运算等基础语言和内置函数实现数据交互；

（3）能熟练使用正则表达式进行交互信息验证。

3. 素质目标

（1）具有质量意识、安全意识、工匠精神和创新思维；

（2）具有集体意识和团队合作精神；

（3）熟悉软件开发流程和规范，具有良好的编程习惯。

JavaScript 是一种函数优先的轻量级即时编译型编程语言，在网页编程中使用非常广泛，能够为网页添加各式各样的动态功能，为用户提供流畅美观的浏览效果和实现网页端的动态交互。本单元介绍 JavaScript 的基础语法，包括数据类型、变量、函数、对象、流程控制语句和正则表达式。

6.1 JavaScript 程序概述

6.1.1 JavaScript 构成

1995 年 2 月，Netscape 公司发布了 Netscape Navigator 2 浏览器，并在这个浏览器中免费提供了一个 LiveScript 开发工具，后改名为 JavaScript，成为最初的 JavaScript 1.0 版本。完整的 JavaScript 包括以下 3 个组成部分。

1）ECMAScript 核心：是 JavaScript 的语言核心部分，定义语言的基本语法和程序流程、对象、函数等。

2）文档对象模型（Document Object Model，DOM）：提供网页文档操作标准接口，是 HTML 的应用程序编程接口（API）。通过 DOM 整个 HTML 文档被映射为一个树形节点结构，方便 JavaScript 脚本快速地访问和操作。

3）浏览器对象模型（Browser Object Model，BOM）：客户端和浏览器窗口操作标准接口，是 IE 3.0 和 Netscape Navigator 3.0 提供的新特性。BOM 能够对浏览器窗口进行访问和操作，如移动窗口、获取访问历史、动态导航等。与 DOM 不同，BOM 不是标准规范，只是 JavaScript 的一个组成部分，但是所有浏览器都默认支持。

6.1.2 JavaScript 程序编写

JavaScript 程序不能够独立运行，只能在宿主环境中执行。一般可以把 JavaScript 代码放在网页中，借助浏览器环境来运行。有以下 3 种嵌入方式。

1．页面内嵌方式

JavaScript 脚本可以通过 <script> 标签嵌入在 HTML 页面中实现程序功能，本节以一个具体的例子演示页面内嵌方式的实现步骤。

【实战举例 example6-1.html】编写 JavaScript 程序，输出一个欢迎信息。

程序创建步骤如下：

第 1 步，新建 HTML 文档，保存为 exam6-1.html。

第 2 步，在 HTML 文档 <head> 标签内插入 <script> 标签。

第 3 步，为 <script> 标签设置 type="text/javascript" 属性，浏览器默认 <script> 标签的脚本类型为 JavaScript，如果不考虑兼容早期版本浏览器，该属性也可以省略不写。

第 4 步，在 <script> 标签内编写 JavaScript 代码。

```
alert("JavaScript 欢迎您！"); // 弹出一个报警框
```

第 5 步，保存网页文档，在浏览器中预览。

运行结果如图 6-1 所示。

图 6-1　JavaScript 欢迎程序

2．外部引入方式

JavaScript 程序可以直接放在 HTML 文档的 <script> 标签中，如果程序较为复杂，也可以放在单独的 JavaScript 文件中，通过 <script> 标签引入 HTML 文档中。JavaScript 文件是文本文件，扩展名为 .js，使用任何文本编辑器都可以编辑。本节仍然以一个具体的例子演示外部方式的实现步骤。

【实战举例 example6-2.html】修改例 6-1，用外部引入的方式引入 JavaScript 代码，实现与例 6-1 程序同样的功能。

在 HBuilder 开发环境下，程序创建步骤如下：

第1步，在指定路径下新建 web 项目 exam6-2。

第2步，在 web 项目的 js 文件夹下新建 JavaScript 文件，并保存为 test.js。

第3步，打开 test.js 文件，在其中编写 JavaScript 代码。

```
alert("JavaScript 欢迎您！"); // 弹出一个报警框
```

第4步，编码完毕保存 test.js 文件。

第5步，JavaScript 文件不能独立运行，需要导入网页中通过浏览器来执行。打开 web 项目下的 HTML 文档 index.html，在 HTML 文档 `<head>` 标签内插入 `<script>` 标签，使用 `<script>` 标签导入 JavaScript 文件。

`<script>` 通过 src 属性引入外部 JavaScript 文件，属性取值为指向文件的 URL 字符串。导入代码如下：

```
<script src="js/test.js"></script>
```

同样，`<script>` 标签默认外部文件类型为 JavaScript，可以不设置 type 属性。

需要注意的是定义 src 属性的 `<script>` 标签不应再包含 JavaScript 代码。如果嵌入了代码，也只会下载并执行外部 JavaScript 文件，嵌入代码将会被忽略。

第6步，保存网页文档，在浏览器中预览，运行结果同图 6-1。

3. 行内伪 URL 方式引入

在支持 JavaScript 脚本的浏览器中，还可以通过行内伪 URL 地址调用 JavaScript 语句的方式引入 JavaScript 脚本，这种方式非常简单，但是因为是行内的，建议仅有单行执行语句时使用。语法格式如下：

```
javascript: 待执行的代码
```

【实战举例 example6-3.html】修改例 6-1，用行内伪 URL 方式引入 JavaScript 代码，实现与例 6-1 程序同样的功能。

程序创建步骤如下：

第1步，新建 HTML 文档，保存为 exam6-3.html。

第2步，修改 `<body>` 标签代码如下：

```
<body onload="javascript:alert('JavaScript 欢迎您！')"> // 网页加载完毕弹出报警框
```

第3步，保存网页文档，在浏览器中预览，运行结果同图 6-1。

6.1.3 JavaScript 程序执行顺序

浏览器在解析 HTML 文档时会根据文档流从上到下逐行解析和显示，JavaScript 代码是 HTML 文档的组成部分，因此 JavaScript 脚本的执行顺序也是根据 `<script>` 标签的位置来确定的。

【实战举例 example6-4.html】运行以下程序代码，验证 HTML 文档的执行顺序。

```
<script>
    alert(" 顶部脚本 ");
</script>
<html>
    <head>
        <meta charset="UTF-8">
        <title>test</title>
        <script>
```

```
            alert("头部脚本");
        </script>
    </head>
    <body>
        <script>
            alert("页面脚本");
        </script>
    </body>
</html>
<script>
    alert("底部脚本");
</script>
```

运行结果如图 6-2 所示。

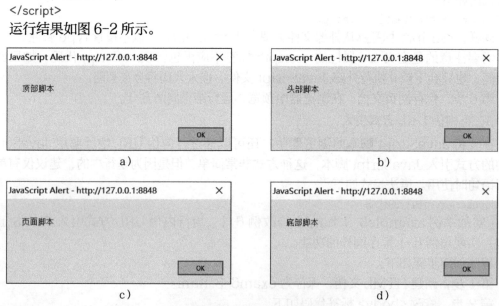

图 6-2　HTML 文档执行顺序

a）第 1 个对话框　b）第 2 个对话框　c）第 3 个对话框　d）第 4 个对话框

程序运行时会依次弹出图 6-2a ～图 6-2d 的全部对话框。

6.1.4　JavaScript 基本语法

JavaScript 语法借鉴了 Java、C 和 Perl 等优秀语言的语法，与这些语言的语法有一定的相似性，也有一些特性，下面介绍 JavaScript 语法的基本规范。

1. JavaScript 严格区分变量名大小写

JavaScript 与 HTML 不同，与 Java 一样，严格区分大小写，变量、函数名、运算符等大小写的含义是不同的，例如 str 与 Str 表示两个不同的变量。

HTML 标记不区分大小写，一般推荐小写格式。JavaScript 需要嵌入到 HTML 网页中运行，所以使用中习惯采用小写字符编码风格。仅在以下特殊情况使用大写形式。

1）构造函数不同于普通函数，首字母一般使用大写。JavaScript 预定义构造函数首字母使用大写，如事件函数 Date()。以下代码创建一个时间函数对象，并转换为字符串显示出来。

```
d = new Date(); // 获取系统当前日期和时间
document.write(d.toString()); // 输出结果: Wed Aug 11 2021 16:04:51 GMT+0800 ( 中国标准时间 )
```

2）多个单词组成的标识符使用骆驼命名法。即除首个单词外，后面单词首字母大写。例如通过 ID 属性获取元素的函数。

```
getElementById()
```

DOM 和 BOM 函数遵循以上规范，用户自编代码建议遵循以上规范。

2．JavaScript 变量是弱类型的

JavaScript 与 Java、C 等编译语言不同，变量无特定的类型，统一用 var 运算符定义变量，在初始化时确定变量的类型。所以变量所存数据的类型可以随时改变，但是应尽量避免这样做。以下代码定义了 3 个不同的变量。

```
var visible = false;
var i = 1;
var color = "blue";
```

3．JavaScript 注释

JavaScript 与 Java、C 等语言的注释语法相同，有两种注释方式。

1）单行注释：以 // 开头，任何位于 // 与行末之间的文本都会被 JavaScript 忽略不执行。

2）多行注释：/* 开头，以 */ 结尾。任何位于 /* 和 */ 之间的文本都会被 JavaScript 忽略不执行。

4．JavaScript 行尾分号不强制

JavaScript 与 Java、C 不同，对每行代码结束的分号（;）不作强制要求。如果没有分号，在没有破坏代码语义的情况下，JavaScript 把折行代码的结尾看作语句的结尾（这一点与 Visual Basic 和 VBScript 相似）。但是，良好的编码习惯建议在代码结尾加上分号，增加程序的易读性，也确保浏览器能够正确运行程序。以下两行代码都是正确的。

```
var color = "blue"; // 有结束分号
var color = "blue"   // 无结束分号
```

5．JavaScript 推荐代码块书写

与 Java 一样，JavaScript 也推荐代码块书写格式，将一系列应该按顺序执行的语句封装在左括号（{）和右括号（}）之间生成一个代码块，按块执行代码。例如可以将以下变量初始化代码放在一个代码块里。

```
if (visible == false;) {
    var i = 1;
    var color = "blue";
}
```

6.2　变量与运算符

6.2.1　变量

1．变量声明

JavaScript 使用 var 语句声明变量，变量名应符合标识符要求。在一个 var 语句中可

以声明一个或多个变量，同时可以为变量赋值，未赋值的变量初始化为 undefined（未定义）值，声明多个变量时使用逗号运算符分隔变量。以下代码声明了若干个变量。

```
var a; // 声明一个变量，为初始化，变量值为 undefined
var a,b,c; // 声明多个变量
var b = 1; // 声明一个变量并赋值，变量值为 1
```

JavaScript 允许重复声明同一个变量，也允许反复初始化变量的值。以下代码声明了同一个变量 a，并多次赋值。

```
var a = 1; // 声明并赋值为 1
var a = 2; // 声明并赋值为 2
var a = 3; // 声明并赋值为 3
```

JavaScript 解释器能够自动隐式声明变量。因此，在非严格模式下，JavaScript 还允许不声明变量直接赋值。但是，严格模式下变量必须先声明再使用。建议使用严格模式。

2. 变量赋值

JavaScript 使用等号（=）运算符为变量赋值，等号左侧为变量，右侧为变量的值。JavaScript 在预编译期会先预处理声明的变量，但是变量的赋值操作发生在 JavaScript 执行期，而不是预编译期。由于 JavaScript 在预编译期已经对变量声明语句进行了预解析，以下代码不会报错。

```
document.write(a); // 输出 undefined
a =1;
document.write(a); // 输出 1
var a;
```

以上代码的执行流程是：先解析代码，获取所有被声明的变量，再一行一行地运行，所以变量声明语句会被提升到前面。JavaScript 将所有变量声明语句提升到代码头部的行为称作变量的提升（Hoisting）。

3. 变量的作用域

变量的作用域（Scope）也称为变量的可见性，规定变量在程序中可以访问的有效范围。与其他编程语言一样，JavaScript 变量也分为全局变量和局部变量。详细介绍参见 6.6.2 节。

全局变量：变量在整个页面脚本中都是可见的，可以被自由访问。

局部变量：变量仅能在声明的函数内部可见，函数外是不允许访问的。

4. 变量其他说明

JavaScript 是弱类型语言，对于变量类型的规范比较松散。如变量的类型分类不严谨、不明确，使用具有随意性；声明变量时，并不要求指定变量的类型，使用过程中可以根据需要自动转换变量的类型；变量的转换和类型检查没有一套统一、规范的方法等。带来的好处是使用灵活，简化了代码的编写，但是也由此带来了开发和执行效率低，在大型应用开发中程序性能受影响的不足。

6.2.2 标识符、关键字和保留字

1. 标识符

标识符（Identifier）是名称的专业术语，JavaScript 标识符包括变量名、函数名、

参数名和属性名。合法的标识符遵循以下强制规则：

1）第一个字符必须是字母、下划线（_）或美元符号（$）。

2）除第一个字符外，其他位置可以使用 Unicode 字符，建议仅使用 ASCII 编码的字母，不建议使用双字节的字符。

3）标识符不能与 JavaScript 关键字、保留字重名。

4）可以使用 Unicode 转义序列。例如，字符 a 可以使用"\u0061"表示。但是，转义序列使用不是很方便，仅在需要表示特殊字符或名称的时候使用，如 JavaScript 关键字、程序脚本等时使用。

以下代码使用 Unicode 转义序列表示变量名，定义变量 a。

```
var \u0061 = "字符 a 的 Unicode 转义序列是 \\0061";
document.write(a);  // 输出：字符 a 的 Unicode 转义序列是 \0061
```

2．关键字

关键字是 ECMA-262 规定的 JavaScript 语言内部的一组具有特定用途的名称或命令，用户自定义标识符不能与其相同。JavaScript 语言关键字见表 6-1。

表 6-1 关键字

break	delete	if	this	while
case	do	in	throw	with
catch	else	instanceof	try	
continue	finally	new	typeof	
debugger（ECMAScript 5 新增）	for	return	var	
default	function	switch	void	

3．保留字

保留字是 ECMA-262 规定的 JavaScript 语言内部预备使用的一组名称（或称为命令），是为 JavaScript 版本升级预留备用的，建议用户不要使用。JavaScript 语言保留字见表 6-2。

表 6-2 保留字

abstract	double	goto	native	static
boolean	enum	implements	package	super
byte	export	import	private	synchronized
char	extends	int	protected	throws
class	final	interface	public	transient
const	float	long	short	volatile

ECMAScript 3 将 Java 所有关键字都列为保留字，ECMAScript 5 则规定较为灵活。在非严格模式下，仅规定 class、const、enum、export、extends、import、super 为保留字，其他 ECMAScript 3 保留字可以自由使用；在严格模式下，ECMAScript 5 变得更加谨慎，将 implements、interface、package、private、protected、public、static、eval（非保留字）、arguments（非保留字）等也限制了使用。

JavaScript 还预定义了很多全局变量和函数（见表 6-3），也应该避免使用它们。

表6-3　JavaScript 预定义全局变量和函数

arguments	encodeURL	Infinity	Number	RegExp
Array	encodeURLComponent	isFinite	Object	String
Boolean	Error	isNaN	parseFloat	SyntaxError
Date	eval	JSON	parseInt	TypeError
decodeURL	EvalError	Math	RangeError	undefined
decodeURLComponent	Function	NaN	ReferenceError	URLError

需要注意的是不同的 JavaScript 运行环境都会预定义一些全局变量和函数，表6-3针对 Web 浏览器运行环境列出。

6.2.3　数据类型

1．基本类型

JavaScript 定义了 5 种原始数据类型，见表6-4。

表6-4　JavaScript 的原始数据类型

数 据 类 型	说　明
null	空值，表示非对象
undefined	未定义的值，表示未赋值的初始化值
number	数字，数学运算的值
boolean	布尔值，逻辑运算的值
string	字符串，表示信息流

2．Undefined 类型

Undefined 类型只有一个值 undefined，是已声明未初始化变量的默认值。该值不同于未定义的值，以下代码的输出结果不同。

```
var a;
console.log(a);  // 输出：undefined
console.log(b);  // 输出：变量 b 没有定义
```

3．Null 类型

Null 类型也只有一个专用值 null，实际上值 undefined 是从值 null 派生来的，因此，ECMAScript 也把二者定义为相等。但是它们的含义并不相同，undefined 表示已声明，但未进行初始化时为变量赋予的值，null 表示不存在的对象。在函数或方法需要返回对象，但是没有返回时返回 null。以下代码的结果是 true。

```
console.log(null == undefined);  // 输出：true
```

4．布尔型

布尔型（Boolean）表示逻辑真与假，有 true 和 false 两个取值。true 表示"真"，false 表示"假"。在 JavaScript 中，undefined、null、""、0、NaN 和 false 这 6 个特殊值转换为布尔值时为 false，被称为假值。除了假值以外，其他任何类型的数据转换为布尔值时都是 true。

使用 Boolean() 函数能够将数据强制转换值为布尔型值，以下代码输出均为 false。

```
console.log(Boolean(0));          // 输出 false
console.log(Boolean(NaN));        // 输出 false
console.log(Boolean(null));       // 输出 false
console.log(Boolean(""));         // 输出 false
console.log(Boolean(undefined));  // 输出 false
```

5．String 类型

String 类型是唯一没有固定大小的原始类型，可以存储任意多的 Unicode 字符，位置索引从 0 开始。与 Java 用双引号声明不同，JavaScript 可以用双引号（"）或单引号（'）声明字符串。以下代码都是有效的字符串声明。

```
var color = "red"; // 声明字符串变量并赋值 red
var color = 'red'; // 声明字符串变量并赋值 red
```

表 6-5 列出了具有特殊含义的字符串常量。

表 6-5　具有特殊含义的字符串常量

字面量	含　义	字面量	含　　　　义
\n	换行	\'	单引号
\t	制表符	\"	双引号
\b	空格	\0nnn	八进制代码 nnn 表示的字符（n 是 0 到 7 中的一个八进制数字）
\r	回车	\xnn	十六进制代码 nn 表示的字符（n 是 0 到 F 中的一个十六进制数字）
\f	换页符	\unnnn	十六进制代码 nnnn 表示的 Unicode 字符（n 是 0 到 F 中的一个十六进制数字）
\\	反斜杠		

6．Number 数值类型

Number 数值类型既可以表示 32 位的整数，也可以表示 64 位的浮点数，是使用非常灵活的一种数据类型，任何数字都是 Number 类型的字面量。

（1）整数

除了其他语言中的十进制整数外，JavaScript 还可以定义八进制或十六进制整数。

八进制整数以数字 0 开始，后面数字是任何八进制数字（0～7），以下代码定义十进制整数 56。

```
var num = 070; //070 对应十进制数的 56
```

十六进制整数以 0x（数字 0 和字母 x）开始，后面数字是任何十六进制数字（0～9和 A～F）。字母可以大写，也可以小写。以下代码定义两个十六进制整数。

```
var num = 0x1f;   // 对应十进制数 31
var num = 0xAB;   // 对应十进制数 171
```

需要注意的是所有数学运算返回的都是十进制结果。

（2）浮点数

包括小数点和小数点后至少一位数字的数据被看作浮点数，以下代码定义一个浮点数。

```
var num = 5.0;
```

浮点数在进行计算之前存储的是字符串。

（3）科学计数法

用数字加 e（或 E）表示科学计数的数值，以下代码是科学计数法定义的数值。

```
var num = 5.618e7   // 值的大小为 56180000
```

（4）特殊 Number 值

用 Number. MAX_VALUE 和 Number. MIN_VALUE 定义 Number 值集合的外边界，所有 ECMAScript 数都必须介于这两个值之间。

当计算生成的数大于 Number. MAX_VALUE 时将被赋予值 Number. POSITIVE_INFINITY，意味着不再有数字值。同样，当计算生成的数小于 Number. MIN_VALUE 时将会被赋予值 Number. NEGATIVE_INFINITY，同样意味着不再有数字值。

Infinity 表示无穷大，Number. POSITIVE_INFINITY 的值为 Infinity。Number. NEGATIVE_INFINITY 的值为 -Infinity。用 isFinite() 函数测试数值是否为无穷大。

（5）特殊值 NaN

NaN 表示非数（Not a Number），在类型（String、Boolean 等）转换失败时产生。例如把英文单词 me 转换成数值会失败，生成 NaN。NaN 不能用于算术计算，也不能与自身比较，以下代码返回 false。

```
console.log(NaN == NaN); // 输出: false
```

一般不推荐使用 NaN 值本身，使用函数 isNaN() 判断非数，示例代码如下：

```
console.log(isNaN("me")); // 输出: true
console.log(isNaN("666")); // 输出: false
```

6.2.4　运算符

与其他程序语言一样，JavaScript 运算符定义数据的运算规则，根据运算符需要操作数的个数可以将运算符分为以下 3 类。

1）一元运算符：一个操作符仅对一个操作数执行某种运算，如取反、递加、递减、转换数字、类型检测、删除属性等运算。

2）二元运算符：一个运算符必须包含两个操作数。如两个数相加、比较大小等，大部分运算符都需要两个操作数。

3）三元运算符：一个运算符必须包含三个操作数。JavaScript 中仅有条件运算符（?:）一个三元运算符，是 if 语句的简化形式。

1. typeof 运算符

typeof 运算符检查变量或值的数据类型，仅有一个操作数。

```
var str= "test string";
console.log (typeof str); // 输出:: string
console.log (typeof 86); // 输出: number
```

2. 算术运算符

1）加法运算符：实现操作数的相加。针对一些特殊的值，相加结果需要特别注意，示例代码如下：

```
var n = 5; // 定义并初始化任意一个数值
console.log(NaN + n); //NaN 与任意操作数相加，结果都是 NaN
console.log(Infinity + n); //Infinity 与任意操作数相加，结果都是 Infinity
console.log(Infinity + Infinity); //Infinity 与 Infinity 相加，结果是 Infinity
console.log((-Infinity) + (-Infinity)); // 负 Infinity 相加，结果是负 Infinity
console.log((-Infinity) + Infinity); // 正负 Infinity 相加，结果是 NaN
```

加运算符根据操作数的数据类型还能实现字符串的连接功能，示例代码如下：

```
console.log(1 + 1); // 如果操作数都是数值，则进行相加运算，输出结果为 2
console.log(1 + "1"); // 如果操作数中有一个是字符串，则进行相连运算，输出结果为 11
console.log(3.0 + 4.3 + ""); // 先求和，再连接，返回 "7.3"
console.log(3.0 + "" + 4.3); // 先连接返回 3.0，将 3.0 转换为字符串 3
                            //（数值在 JavaScript 里以字符串存放），再连接，返回 "34.3"
```

2）减法运算符：实现操作数的相减，同样需要注意特殊值的减法结果。示例代码如下：

```
var n = 5; // 定义并初始化任意一个数值
console.log(NaN - n); //NaN 与任意操作数相减，结果都是 NaN
console.log(Infinity - n); //Infinity 与任意操作数相减，结果都是 Infinity
console.log(Infinity - Infinity); //Infinity 与 Infinity 相减，结果是 NaN
console.log((-Infinity) - (-Infinity)); // 负 Infinity 相减，结果是 NaN
console.log((-Infinity) - Infinity); // 正负 Infinity 相减，结果是 -Infinity
```

数值与字符串的运算同加法运算，字符串首先尝试转换为数值，再进行运算，如果有操作数是非数，则返回 NaN，示例代码如下：

```
console.log(2 - "1"); // 返回 1
console.log(2 - "a"); // 返回 NaN
```

3）乘法运算：实现操作数的相乘，同样需要注意特殊值的运算结果。示例代码如下：

```
var n = 5; // 定义并初始化任意一个数值
console.log(NaN * n); //NaN 与任意操作数相乘，结果都是 NaN
console.log(Infinity * n); //Infinity 与任意非零正数相乘，结果都是 Infinity
console.log(Infinity * (- n)); //Infinity 与任意非零负数相乘，结果是 -Infinity
console.log(Infinity * 0); //Infinity 与 0 相乘，结果是 NaN
console.log(Infinity * Infinity); //Infinity 与 Infinity 相乘，结果是 Infinity
```

4）除法运算：实现操作数的相除。同样需要注意特殊值的运算结果，示例代码如下：

```
var n = 5; // 定义并初始化任意一个数值
console.log(NaN / n); // 如果一个操作数是 NaN，结果都是 NaN
//Infinity 被任意数字除，结果是 Infinity 或 -Infinity，符号由第二个操作数的符号决定
console.log(Infinity / n); // 结果是 Infinity 或 -Infinity
console.log(Infinity / Infinity); // 返回 NaN
//0 除一个非无穷大的数字，结果是 Infinity 或 -Infinity，符号由另一个操作数的符号决定
console.log(3 / 0);  // 返回 Infinity
console.log(n / -0); // 返回 -Infinity
```

5）求余运算也称为模运算，主要针对整数进行操作，也适用于浮点数，示例代码如下：

```
console.log(3 % 2); // 返回余数 1
console.log(3.5 % 2.6); // 返回余数 0.8999999999999999
```

同样需要注意特殊值的运算结果，示例代码如下：

```
var n = 5; // 定义并初始化任意一个数值
console.log(Infinity % n); // 返回 NaN
console.log(Infinity % Infinity); // 返回 NaN
console.log(n % Infinity); // 返回 5
console.log(0 % n); // 返回 0
console.log(0 % Infinity); // 返回 0
console.log(n % 0); // 返回 NaN
console.log(Infinity % 0); // 返回 NaN
```

6）取反运算：也被称为一元减法运算符，以下给出一些特殊操作数的取反运算结果。

```
console.log(- 5); // 返回 -5。正常数值取负数
console.log(- "5"); // 返回 -5。先转换字符串数字为数值类型
console.log(- "a"); // 返回 NaN。无法完全匹配运算，返回 NaN
console.log(- Infinity); // 返回 -Infinity
console.log(- (- Infinity)); // 返回 Infinity
console.log(- NaN); // 返回 NaN
```

7）递增和递减运算：一元运算符，通过不断加 1 或减 1 实现自身结果的改变，运算之前都会试图转换值为数值类型，如果失败则返回 NaN。该运算符只能作用于变量、数组元素或对象属性，不能作用于直接量。根据运算符位置不同，有 4 种运算方式。

① 前置递增（++n）：先递增，再赋值。

② 前置递减（--n）：先递减，再赋值。

③ 后置递增（n++）：先赋值，再递增。

④ 后置递减（n--）：先赋值，再递减。

示例代码如下：

```
var a = b = c = 4;
console.log(a++); // 返回 4，先赋值，再递增，运算结果不变
console.log(++b); // 返回 5，先递增，再赋值，运算结果加 1
console.log(c++); // 返回 4，先赋值，再递增，运算结果不变
console.log(c); // 返回 5，变量的值加 1
console.log(++c); // 返回 6，先递增，再赋值，运算结果加 1
console.log(c); // 返回 6
```

3．逻辑运算

1）逻辑与运算（&&）是布尔和（AND）操作，两个操作数都为 true 时返回 true，否则返回 false。执行短路逻辑，即如果左侧表达式为 false 直接返回结果，不再运算右侧表达式。因此右侧表达式不应该包含赋值、递增、递减和函数调用等有效运算，因为有可能会被跳过不运算，产生运算结果的不确定性。

操作数可以是任意类型的值，返回原始表达式的值，不会把操作数转换为布尔值再返回。

① 对象被转换为布尔值 true，示例代码如下：

```
console.log(typeof ({} && true)); // 返回第二个操作数的值 true 的类型：布尔型
console.log(typeof (true && {})); // 返回第二个操作数的值 {} 的类型：对象
console.log({} && true); // true
console.log(true && {}); //[object Object]
```

② 如果操作数中包含 null，返回值总是 null，示例代码如下：

```
console.log(typeof ("null" && null)); // 返回 null 的类型：对象
console.log(typeof (null && "null")); // 返回 null 的类型：对象
console.log("null" && null); //null
console.log(null && "null"); //null
```

③ 如果操作数中包含 NaN，则返回值总是 NaN，示例代码如下：

```
console.log(typeof ("NaN" && NaN)); // 返回 NaN 的类型：数值
console.log(typeof (NaN && "NaN")); // 返回 NaN 的类型：数值
console.log("NaN" && NaN); //NaN
```

```
console.log(NaN && "NaN"); //NaN
```

④ Infinity 被转换为 true，与普通数值一样参与逻辑与运算，示例代码如下：

```
console.log(typeof ("Infinity" && Infinity)); // 返回第二个操作数 Infinity 的类型：数值
console.log(typeof (Infinity && "Infinity")); // 返回第二个操作数 "Infinity" 的类型：字符串
console.log("Infinity" && Infinity); //Infinity
console.log(Infinity && "Infinity"); //Infinity
```

⑤ 操作数中包含 undefined 返回 undefined，示例代码如下：

```
console.log(typeof ("undefined" && undefined)); // 返回 undefined
console.log(typeof (undefined && "undefined")); // 返回 undefined
console.log("undefined" && undefined); //undefined
console.log(undefined && "undefined"); //undefined
```

2）逻辑或运算（||）是布尔 OR 操作，操作数中有一个为 true 返回 true，否则返回 false。它也是一种短路逻辑，左侧表达式为 true 直接短路返回结果，不再运算右侧表达式。和逻辑与运算一样，操作数也可以是任意类型的值，返回原始表达式的值，不会把操作数转换为布尔值再返回。示例代码如下：

```
var n = 3;
console.log((n == 1) ||1); // 返回 1
console.log((n == 2) ||1); // 返回 1
console.log ((n == 3) || 3); // 返回 true
console.log( ( ! n ) || ("null")); // 返回 null
```

逻辑非运算（!）是布尔取反（NOT）操作，它是一元运算符，直接放在操作数之前，把操作数的值转换为布尔值，然后取反并返回，示例代码如下：

```
console.log( ! {} ); // 如果操作数是对象，则返回 false
console.log( ! 0 ); // 如果操作数是 0，则返回 true
console.log( ! (n = 5)); // 如果操作数是非零的任何数字，则返回 false
console.log( ! null ); // 如果操作数是 null，则返回 true
console.log( ! NaN ); // 如果操作数是 NaN，则返回 true
console.log( ! Infinity ); // 如果操作数是 Infinity，则返回 false
console.log( ! ( − Infinity )); // 如果操作数是 −Infinity，则返回 false
console.log( ! undefined ); // 如果操作数是 undefined，则返回 true
```

逻辑与和逻辑或运算的返回值不一定是布尔值，但是逻辑非运算的返回值一定是布尔值。对操作数执行两次逻辑非运算相当于把操作数转换为布尔值。示例代码如下：

```
console.log( ! 0 ); // 返回 true
console.log( ! ! 0 ); // 返回 false
```

4．关系运算

关系运算也称为比较运算，需要两个操作数，运算返回布尔值。操作数可以是任意类型的值，执行运算时首先被转换为数字或字符串，再进行比较。如果是数字，则比较大小；如果是字符串，则从左到右根据字符编码表中的编号值逐个比较每个字符，具体规则如下：

1）如果两个操作数都是数字，或者一个是数字，另一个可以转换成数字，则将根据数字大小进行比较。

```
console.log( 4 > 3 ); // 返回 true
console.log("4" > Infinity ); // 返回 false
```

2）如果两个操作数都是字符串，则执行字符串比较。

```
console.log("4" >"3");   // 返回 true
console.log("a" > "b");   // 返回 false
console.log("ab" >"cb");  // 返回 false
console.log("abd" > "abc"); // 返回 true
```

3）如果一个操作数是数字或者被转换为数字，另一个是字符串或者被转换为字符串，则使用 parseInt() 将字符串转换为数字（对于非数字字符串，将被转换为 NaN），最后以数字方式进行比较。

```
console.log("a" >"3"); // 返回 true，字符 a 编码为 61，字符 3 编码为 33
console.log("a" > 3); // 返回 false，字符 a 被强制转换为 NaN
```

4）如果一个操作数为 NaN 或者被转换为 NaN，则始终返回 false。

5）如果一个操作数是对象，则先使用 valueOf() 取其值再进行比较。如果没有 valueOf() 方法则使用 toString() 方法取其字符串再进行比较。

6）如果一个操作数是布尔值，则先转换为数值再进行比较。

7）如果操作数都无法转换为数字或字符串，则比较结果为 false。

5．赋值运算

赋值（=）运算有两种形式：简单赋值运算把等号右侧操作数的值复制给左侧的操作数。复合赋值运算赋值之前先对右侧操作数执行操作，最后把运算结果复制给左侧操作数。详细说明见表 6-6。

表 6-6　复合赋值运算符

赋值运算符	说　明	示　例	等　效　于
+=	加法运算或连接操作并赋值	a += b	a = a + b
-=	减法运算并赋值	a -= b	a= a – b
*=	乘法运算并赋值	a *= b	a = a * b
/=	除法运算并赋值	a /= b	a = a / b
%=	取模运算并赋值	a %= b	a = a % b

使用赋值运算符能够设计复杂的连续赋值表达式，示例代码如下：

```
var a = b = c = d = e = f = 100; // 连续赋值
// 在条件语句的小括号内进行连续赋值
for((a = b = 1;a < 5;a++) {console.log(a + "" + b)};)
```

运算遵循从右向左的结合性，最右侧的赋值运算先执行，依次向左赋值和运算。

6．其他运算

1）条件运算符是唯一的三元运算符，语法格式如下：

```
a ? x : y
```

a 操作数必须是一个布尔型表达式，x 和 y 可以是任意类型的数据。如果操作数 a 的返回值为 true，则执行 x 操作数，返回 x 的值。否则执行 y 操作数，并返回 y 的值。示例代码如下：

```
var a = null; // 定义变量 a
typeof a != "undefined" ? a = a : a = 0; // 检测变量 a 是否赋值，否则设置默认值
console.log(a); // 显示变量 a 的值，返回 null
```

条件运算符是条件结构的简化书写，以上代码的等价代码如下：

```
var a = null; // 定义变量 a
```

```
if(typeof a != "undefined"){  // 赋值
    a = a;
}else{  // 没有赋值
    a = 0;
}
console.log(a);
```

2）逗号运算符是二元运算符，从左向右依次执行操作数，运算符的优先级最低。示例代码如下：

```
var a = 1,b = 2,c = 3,d = 4;
```

等价于以下代码：

```
var a = 1;
var b = 2;
var c = 3;
var d = 4;
```

逗号运算符会执行所有的操作数，返回最后一个操作数的值。示例代码如下：

```
a = (b = 1,c = 2);  // 连续执行和赋值
console.log(a);  // 返回 2
console.log(b);  // 返回 1
console.log(c);  // 返回 2
```

7. 运算符的结合性

一元运算符、三元运算符和赋值运算符遵循右结合性，按照先右后左的顺序结合并运算，其余运算符遵循左结合性，按照先左后右的顺序结合并运算。右结合性运算示例代码如下：

```
console.log(typeof typeof 5);  // 返回：string
```

右侧的 typeof 运算符先与数字 5 结合，运算结果是字符串 "number"，然后左侧的 typeof 运算符再与返回的字符串 "number" 结合，运算结果是字符串 "string"，所以结果为 "string"。用小括号表示其运算顺序如下：

```
console.log(typeof (typeof 5));  // 返回：string
```

6.3 JavaScript 数组

数组是一种在编程中非常重要的数据类型，根据维度不同可以分为一维数组、二维数组和多维数组，本节以一维数组为例介绍数组的定义与用法。

6.3.1 数组定义

有 3 种定义数组的方法。

1）使用 new 关键字创建 Array 对象定义数组，可以通过参数指定数组的长度，也可以定义时不指定数组的长度，在使用中根据需要指定或通过初始化自动指定长度，示例代码如下：

```
var mycars=new Array();  // 定义不指定长度的数组 mycars
var mycars=new Array(3);  // 定义长度为 3 的数组 mycars
```

2）使用 new 关键字创建 Array 对象，同时赋初值定义数组，系统自动分配数组长度，示例代码如下：

```
// 定义 mycars 数组并初始化，自动分配数组长度为 3
var mycars=new Array("How", "are", "you");
```

3）直接使用 [] 运算符声明一个数组并初始化，示例代码如下：

```
// 定义 mycars 数组并初始化，自动分配数组长度为 3
var mycars=["How", "are", "you"];
```

6.3.2 数组元素访问

数组是数据的一种集合，编程中需要访问其中的元素，与普通变量一样，对数组可以有以下 3 种操作。

1）赋值：数组名 [元素索引值] = 指定值，为 mycars 数组第一个元素赋值的代码如下：

```
mycars[0]="one";
```

2）修改值与赋值一样，也是数组名 [元素索引值] = 指定值，为 mycars 数组第一个元素修改值的代码如下：

```
mycars[0]="newone";
```

3）获取值：数组名 [元素索引值]，获取 mycars 数组第一个元素的值并赋给某个变量 a 的代码如下：

```
var a=mycars[0];
```

数组元素索引值从 0 开始。

6.3.3 数组长度

JavaScript 中通过 length 属性返回数组的长度，表示数组可以存放的元素个数，其值等于数组元素最大下标值加 1，该属性往往用在数组元素遍历的循环终止条件中。数组元素也可以不赋值，所以 length 属性并不等于数组实际存放的元素个数。与一般编程语言不同，length 属性可设置，设置 length 属性的值会影响数组的元素，具体说明如下：

1）如果将 length 属性值设置为小于数组当前 length 值的新长度，则数组会被截断，新长度之外的元素值都会丢失。

2）如果将 length 属性值设置为大于数组当前 length 值的新长度，则会在数组尾部追加空数组使数组长度增加到新指定的长度，追加的元素的取值都为 undefined。

以下代码演示了数组的长度值。

```
var a = []; // 声明空数组
a[100] = 2; // 给第 101 个元素赋值
console.log(a.length); // 返回数组长度 101
```

以下代码演示了 length 属性值变化对数组的影响。

```
var a = [1,2,3]; // 声明数组直接量
a.length = 5; // 增长数组长度
console.log(a[4]); // 返回 undefined，说明该元素还没有被赋值
a.length = 2; // 缩短数组长度
console.log(a[2]); // 返回 undefined，说明该元素的值已经丢失
```

6.3.4 数组操作

数组是非常实用的一种数据类型，在编程中使用非常广泛，JavaScript 提供了很多数组操作方法方便用户使用数组，下面对最常用的一些方法予以介绍。

1. concat ()

concat () 方法用于连接两个或多个数组，该方法不改变现有的数组，仅返回被连接数

组的一个副本，语法如下：

```
arrayObject.concat(arrayX,arrayX,…,arrayX)
```

参数 arrayX 是待连接的内容，可以是具体的值，也可以是数组对象，可以有任意多个，是必需参数。方法会首先创建当前数组（arrayObject）的一个副本，然后将接收到的参数（arrayX，arrayX，…，arrayX）添加到这个副本的末尾，最后返回构建后的新数组。若没有参数，则复制当前数组并返回副本。

示例代码如下：

```
var arro=[4,5,10,6,7,8];
var arrnew=["aa","bn","cc"];
console.log(arro.concat(arrnew))  // 输出合并后的新副本数组 4,5,10,6,7,8,aa,bn,cc
console.log(arro);  // 原数组并没有变化，仍然输出 4,5,10,6,7,8
```

2. join ()

join () 方法实现数组元素的连接，用指定的连接符号将数组元素进行连接，并返回连接后的字符串，语法如下：

```
arrayObject.join(separator);
```

参数 separator 指定连接元素的分隔符，不指定则默认使用逗号（，）连接。示例代码如下：

```
var arr3 = [4, 5, 10, 6, 7, 8];
console.log(arr3.join("-"))     ;  // 输出：4-5-10-6-7-8
console.log(arr3.join());       // 输出：4,5,10,6,7,8
```

3. pop ()

pop () 方法删除数组的最后一个元素，并返回被删除的元素。该方法没有参数，即使有参数也是删除最后一项，对空数组操作返回 undefined，语法如下：

```
arrayObject.pop();
```

示例代码如下：

```
var arr3 = [4, 5, 10, 6, 7, 8];
console.log(arr3.pop()); // 输出：8
console.log(arr3); // 输出：4,5,10,6,7
```

4. push ()

与 pop () 方法相反，push () 方法在数组的末尾添加元素，并返回添加元素后数组的长度。与 contact () 方法不同，该方法直接修改数组，语法如下：

```
arrayObject.push(newelement1,newelement2,…,newelementX)
```

参数 newelement1 规定要添加到数组的第一个元素，是必需参数。参数 newelement2 规定要添加到数组的第二个元素，是可选参数。参数 newelementX 可选，可以添加多个元素。

示例代码如下：

```
var myarr=[4,5,10,6,7,8];
console.log(myarr.push("yan")); // 输出：7
console.log(myarr); // 输出：4,5,10,6,7,8,yan
```

5. shift ()

shift () 方法删除数组的第一个元素并返回元素的值，方法不创建新的数组，直接修改原有的数组。对空数组操作返回 undefined。方法没有参数，示例代码如下：

```
var myarr=[4,5,10,6,7,8];
console.log(myarr.shift()); // 输出：4
console.log(myarr); // 输出：5,10,6,7,8
```

6. unshift()

unshift() 方法向数组开头添加一个或多个元素，并返回数组的新长度。方法不创建新的数组，直接修改原有的数组，语法如下：

```
arrayObject.unshift(newelement1,newelement2,…,newelementX);
```

参数 newelement1 必需，为向数组添加的第一个元素。参数 newelement2 可选，为向数组添加的第二个元素。参数 newelementX 可选，可添加若干个元素。

示例代码如下：

```
var myarr=[4,5,10,6,7,8];
console.log(myarr.unshift("yan")); // 输出：7
console.log(myarr); // 输出：yan,4,5,10,6,7,8
```

7. sort()

sort() 方法对数组的元素进行排序，不生成副本，在原数组上直接排序，语法如下：

```
arrayObject.sort(sortby);
```

参数 sortby 可选，规定元素排序的顺序，如果有参数则必须是函数。如果没有参数则按字母顺序（字符 unicode 编码）对数组中的元素进行排序，数组中的元素会自动转换成字符串进行比较，比较完再转回原来的数据类型。

示例代码如下：

```
var myarr = [13, 40, 5, 6];
console.log(myarr.sort()); // 输出：13,40,5,6
```

上例中是无参默认按字符串进行的比较，由程序输出可见并不是期望的结果，这时可以用比较函数进行排序。比较函数需要比较两个值，并返回一个用于说明两个值相对顺序的数字。以函数两个参数 a 和 b 的比较说明如下。

1）若 a 小于 b，排序后数组中 a 应该出现在 b 之前，则返回一个小于 0 的值。

2）若 a 等于 b，则返回 0。

3）若 a 大于 b，则返回一个大于 0 的值。

用比较函数修改上例代码如下：

```
var myarr = [13, 40, 5, 6];
var res = myarr.sort(function(a, b){
    return a−b;
})
console.log(res); // 输出：5,6,13,40
```

8. reverse()

reverse() 方法将数组中元素的顺序倒序，方法没有参数，示例代码如下：

```
var myarr = [4, 5, 10, 6, 7, 8];
console.log(myarr.reverse()); // 输出：8,7,6,10,5,4
```

9. splice()

splice() 方法从数组中删除元素，还可以用新元素替换被删除的元素，语法如下：

```
arrayObject.splice(index,howmany,item1,…,itemX)
```

参数 index 必需，取整数值，规定操作元素的位置，负数表示从数组结尾处开始。howmany 必需，规定要删除的元素数量，设置为 0 不删除。参数 item1，…，itemX 可选，规定向数组添加的新元素。

方法返回被删除元素组成的新数组。

示例代码如下：

```
var myarr=[4,5,10,6,7,8];
var res=myarr.splice(1,2,"yan","aa","44");
console.log(res);  // 输出：5,10
console.log(myarr); // 输出：4,yan,aa,44,6,7,8
```

10．slice()

slice() 方法从已有数组中返回选定的元素的数组。与 splice() 方法不同，该方法不修改数组，仅返回一个子数组，语法如下：

```
arrayObject.slice(start,end)
```

参数 start 必需，规定从何处开始选取元素，如果是负数，从数组尾部开始算起。即 -1 对应数组最后一个元素，-2 对应数组倒数第二个元素，以此类推。参数 end 可选，规定结束选取的位置，如果没有指定，则到数组结束的位置；如果是负数，则从数组尾部开始算起。

示例代码如下：

```
var myarr=[4,5,10,6,7,8];
console.log(myarr.slice(-3)); // 输出：6,7,8
```

11．indexOf() 和 lastIndexOf()

indexOf() 方法在数组中搜索元素值并返回其位置，找不到返回 -1，语法如下：

```
array.indexOf(item, start)
```

参数 item 必需，定义待检索的元素。参数 start 可选。规定从哪里开始搜索，负值表示从结尾开始。

lastIndexOf() 方法与 indexOf() 方法类似，规定从数组结尾开始搜索。语法与参数含义同 indexOf() 方法。

示例代码如下：

```
var arr = [10, 20, "30", "abc"];
console.log(arr.indexOf(10));   // 输出：0
console.log(arr.indexOf("30")); // 输出：2
var str = "E:\\ 教学 \\html5\\ 初级 - 发布 \\ 初级理论 + 实操 \\word.word ";
console.log(str.substr(str.lastIndexOf("\\") + 1));     // 输出：word.word
```

12．forEach()

forEach() 方法遍历数组元素，可以代替 for 循环遍历数组，遍历时可以为每个数组元素调用函数。函数接受 3 个参数，分别对应元素值、元素索引和数组本身。

示例代码如下：

```
var txt = "";
var numbers = [45, 4, 9, 16, 25];
numbers.forEach(myFunction);
// 为元素执行的函数
```

```
function myFunction(value, index, array) {
    txt = txt + " 元素位置：" + index + "，" + " 元素值：" + value + "<br>";
}
document.writeln(txt);
```

运行结果如图 6-3 所示。

图 6-3　运行结果

6.4　JavaScript 对象

6.4.1　对象定义

对象是 JavaScript 的基础，一切都是对象，数据类型是对象，数组、正则表达式、函数等都是对象。在对象中保存的命名值称为对象的属性，变量称为对象的变量，方法称为对象的方法。有以下两种常用的创建对象的方法：

1）使用对象字面量创建对象：是创建对象最简单的方法，将对象属性与值成对方式放在花括号（{}）中即可创建对象。

以下代码创建带有 4 个属性的 JavaScript 对象。

```
var person = {firstName:"Bill", lastName:"Gates", age:62, eyeColor:"blue"};
```

2）通过 new 关键字创建对象。

以下代码创建与前面代码一样的对象。

```
var person = new Object();
person.firstName = "Bill";
person.lastName = "Gates";
person.age = 50;
person.eyeColor = "blue";
```

6.4.2　对象属性操作

属性指 JavaScript 对象保存的变量的值，是一种无序集合，可以被修改、添加和删除，只读属性除外。

1）访问属性值（赋值 / 读取）：有 3 种语法，objectName. property 或 objectName ["property"] 或 objectName [expression]，其中表达式的计算结果必须为属性名。

访问前面创建对象的代码如下：

```
// 读取属性值
var a=person.age;
var a=person["age"];
```

```
// 赋值 / 修改属性值
person.age=22;
person["age"]=22;
```

2）添加属性：简单的赋值语句可以向已存在的对象添加新属性。以下代码为 person 对象添加了 nationality 新属性。

```
person.nationality = "English";
```

3）删除属性：使用 delete 关键词删除对象属性，会同时删除属性的值和属性本身。仅对属性有效，对变量和函数没有影响。为了避免应用程序崩溃，不建议删除 JavaScript 预定义的对象属性。

4）for...in 循环能够遍历对象中的属性。遍历前面定义 person 对象的代码如下：

```
for (x in person) {
    console.log(person[x]);
}
```

6.5　程序结构

6.5.1　分支结构

1. if 单分支结构

JavaScript 使用 if 语句定义单分支结构，规定条件为 true 时程序执行的代码块，语法格式如下：

```
if ( 条件 ) {
    语句块，如果条件为 true 时执行
}
```

如果条件值为真，则执行语句块，否则忽略。单分支结构如图 6-4 所示。

【实战举例 example6-5.html】编写一段代码对随机数进行判断，输出能被 2 整除的偶数。

```
<script>
    // 使用 random() 函数生成一个随机数
    var num = parseInt(Math.random() * 99 + 1);
    // 判断变量 num 是否为偶数
    if(num % 2 == 0) {
        console.log(num + " 是偶数 ");
    }
</script>
```

待执行的语句块为单句时也可以省略大括号，上面分支语句代码可以省略大括号简写如下：

```
if(num % 2 == 0)
    console.log(num + " 是偶数 ");
```

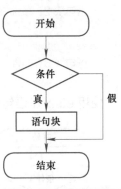

图 6-4　单分支结构

良好的编码习惯建议使用大括号，保持清晰程序的结构和避免因疏忽大意引发的错误。需要注意的是 if 语句中的 if 必须小写。

2. if else 双分支结构

JavaScript 使用 else 语句规定条件为 false 时程序执行的语句块，实现双分支结构。

语法格式如下：

```
if ( 条件 ) {
    语句块 1，条件为 true 时执行
} else {
    语句块 2，条件为 false 时执行
}
```

如果条件为真，则执行语句块 1，否则执行语句块 2。双分支结构如图 6-5 所示。

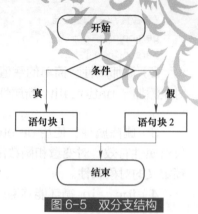

图 6-5 双分支结构

【实战举例 example6-6. html】修改例 6-5，用双分支结构输出随机数的奇偶性。

```
<script>
    // 使用 random() 函数生成一个随机数
    var num = parseInt(Math.random() * 99 + 1);
    // 判断变量 num 的奇偶性
    if(num % 2 == 0) {
        console.log(num + " 是偶数 ");
    } else {
        console.log(num + " 是奇数 ");
    }
</script>
```

3. else if 分支嵌套结构

JavaScript 使用 else if 语句规定当首个条件为 false 时的新条件，语法格式如下：

```
if ( 条件 1) {
    语句块 1，条件 1 为 true 时执行
} else if ( 条件 2) {
    语句块 2，条件 1 为 false 且条件 2 为 true 时执行
} else {
    语句块 3，条件 1 和条件 2 同时为 false 时执行
}
```

使用 else if 语句可以设计多重分支嵌套结构，分支嵌套结构如图 6-6 所示。

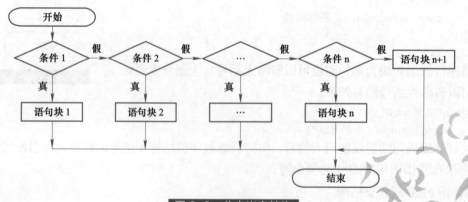

图 6-6 分支嵌套结构

【实战举例 example6-7.html】编写程序代码，用 else if 分支嵌套结构将随机生成的百分制分数转换为等级制分数。

```
<script>
    var num = parseInt(Math.random() * 99 + 1);
    if(num < 60) {
        console.log(num + ": 不及格 ");
    } else if(num < 70) {
        console.log(num + ": 及格 ");
    } else if(num < 85) {
        console.log(num + ": 良好 ");
    } else {
        console.log(num + ": 优秀 ");
    }
</script>
```

同样，分支嵌套结构也建议用花括号把语句块括起来，如果代码书写格式不好很容易引起歧义。JavaScript 基于就近原则解释 if 与 else 的匹配关系，因此，图 6-7b 的代码与图 6-7a 的代码实现同样的功能，但是在不加括号的情况下，如果书写不够规范，图 6-7b 的代码就很容易引起歧义。

```
if(0)
    if(1)
        console.log(1);
    else
        console.log(0);
```
a)

```
if(0)
    if(1)
        console.log(1);
else
    console.log(0);
```
b)

图 6-7　分支代码

a）结构良好的语句块　b）结构不好的语句块

因此，为了避免产生条件歧义，哪怕是一行单语句也建议用花括号括起来，加括号有助于清晰程序的逻辑结构。图 6-7 所示的代码加括号后可以书写如下：

```
if(0) {
    if(1)
        console.log(1);
    else
        console.log(0)
};
```

4．switch 多分支结构

使用 else if 分支嵌套可以实现多分支结构，但是使用 switch 语句程序结构更加简洁清晰，执行效率更高，switch 语句专门用于设计多分支条件结构，语法格式如下：

```
switch( 表达式 ) {
    case n:
        语句块 1
        break;
    case n:
        语句块 2
        break;
```

147

```
        default:
            默认语句块
    }
```

switch 语句根据表达式的值依次与 case 后的值进行比较，如果相等，则执行其后的语句块，直到遇到 break 语句或 switch 语句结束；如果不相等，则继续查找下一个 case。switch 语句包含一个可选的 default 语句，在前面所有的 case 没有找到相等值的情况下执行 default 语句。特别注意 break 语句不能省略，否则会在执行完某一个 case 对应的语句块以后依次执行后面的 case 语句块。

需要注意的是 switch 是一种全等比较，不会自动转换数据类型。default 是 switch 的子句，一般位于 switch 分支结构的最后，但是也可以位于 switch 结构内的任意位置，不会影响多分支结构的正常执行。在一个 switch 分支结构中 default 子句只能出现一次。

switch 语句流程控制结构如图 6-7 所示。

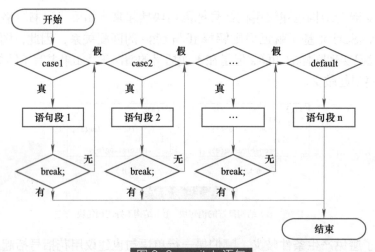

图 6-8　switch 语句

【实战举例 example6-8. html】编写程序代码，用随机数模拟用户角色，用 switch 判断并输出用户角色。

```
<script>
    var id = parseInt(Math.random() * 4);
    switch(id) {
        case 1:
            console.log(" 普通会员 ");
            break;
        case 2:
            console.log("VIP 会员 ");
            break;
        case 3:
            console.log(" 管理员 ");
            break;
        default:
            console.log(" 游客 ");
```

```
    }
</script>
```

6.5.2 循环结构

1. for 循环

循环能够执行需要多次执行的语句块，for 是一种最简洁的循环结构。语法格式如下：

```
for ( 表达式 1; 表达式 2; 表达式 3) {
    要执行的语句块   // 也称为循环体
}
```

表达式 1 在循环（语句块）开始之前执行，仅执行一次。表达式 2 定义运行循环（语句块）的终止条件，在每次循环开始之前执行，如果执行结果为 true，则执行循环体中要执行的语句块，否则将终止循环，执行循环语句后面的代码。表达式 3 在循环体（要执行的语句块）每次被执行后执行。for 循环程序流程控制结构如图 6-9 所示。

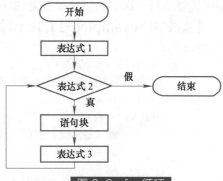

图 6-9 for 循环

与分支结构一样，哪怕循环体只有一条语句，也建议用花括号将语句括起来，生成语句块，以清晰程序的结构。

for 循环中的 3 个表达式都可以为空，也都可以包括用逗号分隔的多个子语句，详细描述如下：

1）表达式 1 是循环变量初始化条件，可以在 for 循环之前初始化，在 for 循环中为空；如果有多个子语句，表明需要初始化多个变量。

2）表达式 2 如果为空，表示循环没有终止条件，一直执行，需要在循环体中根据程序逻辑添加 break 语句终止循环；表达式 2 如果有多个子语句，根据逗号运算符左结合性的规则，从左往右计算，最后一个子语句的计算结果为循环终止的判断条件。

3）表达式 3 是循环迭代语句，控制循环变量的变化，如果为空，循环变量不发生变化，需要在循环体中修改循环变量；如果有多个子语句，表明每次循环完成有多个变量需要修改。

特别注意，空语句的分号不能省略。

【实战举例 example6-9. html】编写代码，使用 for 循环输出 1 ～ 100 之间的偶数。

```
<script>
    for(var n = 1; n <= 100; n++) {
        if(n % 2 == 0)
            console.log(n);
    }
</script>
```

【实战举例 example6-10. html】修改例 6-9，将循环终止条件放在循环体之内实现同样的功能。

```
<script>
    for(var n = 1; ; n++) {
        if(n % 2 == 0)
            console.log(n);
```

```
        if(n > 100)
            break;
    }
</script>
```

例6-10比例6-9的代码复杂,效率更低,因此并不建议将循环控制语句放在循环体中,除非根据程序逻辑必须要这样做。

循环也可以嵌套,嵌套后内层循环成为外层循环体的一个子语句,在每一次外层循环中被完整执行一次。特别需要注意循环嵌套的层次结构,一定不能交错嵌套。

【实战举例example6-11.html】编写代码,使用嵌套循环求1～100之间的所有素数。

```
<script>
    for(var i = 2; i < 100; i++) {
        // 素数标志变量,初始假定为素数
        var m = true;
        for(var j = 2; j < i; j++) {
            // 判断 i 能否被 j 整除,若能说明不是素数,修改素数标志为 false
            if(i % j == 0) m = false;
        }
        if(m)  console.log(i + "");
    }
</script>
```

【实战举例 example6-12.html】使用 for 循环遍历数组。

```
<script>
    var arr = ["a", "b", "c", "d"];
    for(var i = 0; i < arr.length; i++) {
        console.log(arr[i]);
    }
</script>
```

2. for/in 循环

for/in 循环语句是 for 循环的一种特殊形式,主要用于遍历数组和对象。语法格式如下:

```
for ( [var] variable in <object|array) {
    要执行的语句块   // 也称为循环体
}
```

variable 是一个变量,可以添加 var 关键词直接进行声明。in 后面是对象或数组类型的表达式,给出变量的取值范围。针对数组,variable 是数组元素的索引值,用 array[variable] 表示数组元素;针对对象,variable 表示对象的 key 值,用 object[variable] 表示 key 对应的属性值。

for/in 循环是一种枚举型循环遍历,每次读取一个变量执行循环体的语句块,直到所有元素被枚举完毕。

【实战举例 example6-13.html】修改例 6-12,用 for/in 循环遍历数组。

```
<script>
    var arr = ["a", "b", "c", "d"];
    for(var i in arr) {
        console.log(arr[i]);
```

```
    }
</script>
```

【实战举例 example6-14.html】使用 for 循环遍历对象。

```
<script>
    var person = {
        fname: "Bill",
        lname: "Gates",
        age: 62
    };
    for(x in person) {
        console.log(person[x]);
    }
</script>
```

3．while 循环

while 也是一种循环结构，语法格式如下：

```
while( 条件 ) {
        要执行的语句块    // 也称为循环体
    }
```

条件值为真时执行"要执行的语句块"，也即循环体，执行结束返回，再次判断条件，以此类推，直到条件为假时跳出循环，执行 while 循环后面的语句。程序流程控制结构如图 6-10 所示。

while 循环变量的初始化一般放在循环之前，循环变量值修改放在循环体中。

【实战举例 example6-15.html】编写代码，使用 while 循环输出 1 ～ 100 之间的偶数。

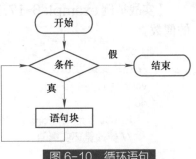

图 6-10　循环语句

```
<script>
    // 循环变量初始化
    var n = 1;
    while(n <= 100) {
        if(n % 2 == 0)        console.log(n);
        // 修改循环变量值
        n++;
    }
</script>
```

也可以在循环条件表达式中修改循环变量的值。

【实战举例 example6-16.html】修改例 6-15，在循环条件中修改循环变量的值，实现同样的程序效果。

```
<script>
    // 因为第一次执行循环时变量就会加 1，因此初始化值先减去 1
    var n = 0;
    while(n++ <= 100) {
        if(n % 2 == 0) console.log(n);
```

```
}
</script>
```

4．do-while 语句

do-while 循环是 while 循环的变体。它与 while 循环的区别是该循环会在检查条件是否为真之前先执行一次语句块，只要条件为真就会重复执行循环体，所以该循环至少会被执行一次。语法格式如下：

```
do {
    要执行的语句块   // 也称为循环体
}
while ( 条件 );
```

do-while 循环程序流程控制结构如图 6-11 所示。

这里特别提醒一下，循环整体可以看作是一条语句，所以"while（条件）"之后的分号（;）建议不要漏掉。虽然 JavaScript 对语句结束分号没有特别要求，但是良好的编程习惯还是会在语句结束加一个分号，因此这里建议加上分号。

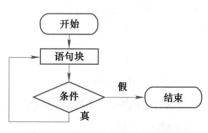

图 6-11　do-while 循环语句

【实战举例 example6-17.html】编写代码，使用 do/while 循环输出 1 ～ 100 之间的偶数。

```
<script>
    // 循环变量初始化
    var n = 1;
    do {
        if(n % 2 == 0) console.log(n);
        // 修改循环变量值
        n++;
    }
    while (n <= 100);
</script>
```

6.6　函数

6.6.1　函数声明与调用

函数是被设计为执行特定任务的代码块，在调用时被执行，能够实现代码的重用，在编程中非常重要。

1．函数声明

JavaScript 有 3 种函数声明方式。

1）声明命名函数：使用 function 关键词声明命名函数，语法格式如下：

```
function name( 参数 1, 参数 2, 参数 3) {
    要执行的代码   // 函数体
}
```

其中，name 为函数的名字，是调用执行函数代码的变量名，参数 1、参数 2、参数 3

是函数的参数列表，调用函数时需要为其传递值。

以下代码声明一个输出欢迎信息的函数。

```
<script type='text/javascript'>
    function fwelcome(){
        console.log('JavaScript 欢迎您！ ');
    }
</script>
```

2）声明匿名函数：使用 function 关键词声明匿名函数，语法格式如下：

```
function( 参数 1, 参数 2, 参数 3) {
    要执行的代码  // 函数体
};
```

匿名函数没有函数名，函数声明后面有一个分号（ ; ）表示函数的结束。这种声明方式相当于定义了一个函数对象，可以将这个对象赋值给另外一个变量使用。

也可以匿名声明一个根据参数输出欢迎信息的函数，代码如下：

```
<script type='text/javascript'>
    var fwelcome =function(){
        console.log('JavaScript 欢迎您！ ');
    };
</script>
```

特别注意，哪怕没有参数，函数声明的小括号也不能省略，小括号表明的是函数变量。

3）使用函数构造器 Function() 声明函数：JavaScript 提供了一个函数类 Function，该类可以用于定义函数，语法格式如下：

```
var function_name = new function(arg1, arg2, ..., argN, function_body);
```

其中，每一个 arg 都是一个参数，最后一个参数 function_body 是函数主体（要执行的代码），参数必须都是字符串。与匿名函数声明一样，函数声明最后也有一个分号（ ; ）表示函数的结束。

使用 Function 构造器声明一个根据参数输出欢迎信息的函数代码如下：

```
<script type='text/javascript'>
    var fwelcome = new Function(" console.log('JavaScript 欢迎您！ ');");
</script>
```

一般不使用 Function 构造器创建函数，因为这种方式定义函数比声明方式效率低。但是这种方式清晰地表明函数是 Function 类的实例，有助于理解函数是变量的本质。

2．函数调用

函数 3 种声明方式的调用方式一样，都是通过函数名加参数的方式调用。匿名函数和构造器生成函数的函数名是其所对应的变量。所以前面 3 种方式定义的函数的调用代码统一如下：

```
fwelcome();
```

注意：哪怕没有参数，函数调用后面的小括号也不能省略。

3．函数返回

函数执行到函数体结束或 return 语句停止执行，使用 return 语句将执行结果返回（如果有返回值）给调用者。

4．函数参数传递

（1）参数类型

与其他语言一样，JavaScript 函数参数也分为形参和实参两类，在函数声明中使用的参数为函数形参，在函数调用中使用的参数为函数的实参。JavaScript 函数参数的使用更加灵活，形参不规定数据类型，也不对实参进行类型和数量的检查，如果函数调用时省略了参数，则缺少的参数值被置为 undefined；如果函数调用时参数数量超过声明数量，则可以使用 arguments 对象来遍历这些参数。arguments 对象是 JavaScript 函数的内置对象，是包含函数调用时使用参数的数组。

（2）参数传递方式

与其他语言一样，JavaScript 函数参数传递有两种方式，值传递和引用传递。值传递指实参向形参传递值，形参改变仅在函数体内有效，在函数体外不可见。引用传递指对象引用，如果函数体内改变了对象的属性，会同时改变对象的原始值，在函数外可见。

【实战举例 example6-18.html】编写函数体验参数值传递的效果。

```
<script>
    function myFunction(a, b) {
        a++;
        b++;
        return a * b;
    }
    var a = 1,
        b = 2;
    document.writeln(" 函数调用前变量 a=" + a + ",b=" + b + "<br>");
    document.writeln(" 函数调用输出结果： " + myFunction(a, b) + "<br>");
    document.writeln(" 函数调用后变量 a=" + a + ",b=" + b);
</script>
```

运行结果如图 6-12 所示。

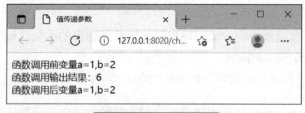

图 6-12　值传递参数

【实战举例 example6-19.html】编写函数体验参数引用传递的效果。

```
<script>
    function myFunction(obj) {
        obj.a++;
        obj.b++;
        return obj.a * obj.b;
    }
    var obj = new Object();
    obj.a = 1;
    obj.b = 2;
```

```
document.writeln(" 函数调用前属性 a=" + obj.a + ", 属性 b=" + obj.b + "<br>");
document.writeln(" 函数调用输出结果：" + myFunction(obj) + "<br>");
document.writeln(" 函数调用后属性 a=" + obj.a + ", 属性 b=" + obj.b);
</script>
```

运行结果如图 6-13 所示。

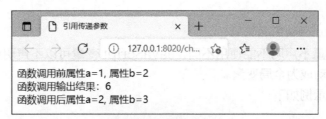

图 6-13　引用传递参数

6.6.2　变量的作用域

与其他语言一样，JavaScript 的变量也有作用域。作用域决定了从代码不同部分对变量、对象和函数的可访问性。

1. JavaScript 局部变量

在 JavaScript 函数内部声明的变量是局部变量，只能在函数内部访问，不能在函数外部访问。因此能够在不同的函数中使用同名变量，在函数开始时创建局部变量，结束时删除变量。函数参数也是函数内部的局部变量。

局部变量示例如下：

```
<script>
    function myFunction() {
        // 定义局部变量 userName
        var userName = "admin";
        // 函数体内可以使用局部变量
        console.log(userName);
    };
    myFunction();
    // 函数体外不可以使用局部变量，以下程序代码报错
    console.log(userName);
</script>
```

2. JavaScript 全局变量

在 JavaScript 函数体外声明的变量是全局变量，全局变量的作用域是全局的，网页的所有脚本和函数都能够访问，在函数体内和体外对变量的修改结果都能够保存下来。

全局变量示例如下：

```
<script>
    // 定义全局变量 userName
    var userName = "admin";
    function myFunction() {
        // 函数体内可以使用全局变量，对变量值的修改能够保存下来
        console.log(userName);
```

```
        userName = "vipuser";
    };
    myFunction();
    // 函数体外也可以使用全局变量
    console.log(userName);
</script>
```

3．JavaScript 自动全局变量

与其他语言变量不声明不能使用不同，JavaScript 变量可以不声明直接使用，为未声明变量赋值后会自动成为全局变量。

自动全局变量示例如下：

```
<script>
    function myFunction() {
        // 未声明变量赋值自动成为全局变量
        userName = "admin";
        console.log(userName);
    };
    myFunction();
    // 函数体外也可以使用全局变量
    console.log(userName);
</script>
```

4．HTML 全局变量

在浏览器对象模型中（见 7.1.2 节），浏览器窗口对应 window 对象，JavaScript 全局变量均属于 window 对象，成为 window 对象的属性，可以通过 window 对象进行访问。

前面举例中全局变量 userName 也可以用以下方式进行访问。

```
window.userName
```

5．变量的有效期

JavaScript 变量的有效期始于被创建时，局部变量在函数完成时被删除，全局变量在页面关闭时被删除。

6.6.3　程序设计综合案例——杨辉三角

【实战举例 example6-20.html】编码用函数计算杨辉三角值，用循环输出 9 次幂杨辉三角。

杨辉三角是经典编程案例，揭示了多次方二项式展开后各项系数的分布规律。简单描述就是每行开头和结尾的数字为 1，除第一行外，每个数都等于它上方两数之和。

程序设计思路如下：

第 1 步，定义两个数组，数组 1 存放上一行数字列表，为已知数组；数组 2 存放下一行数字列表，为待求数组。

第 2 步，初始化数组 1，假设数组 1 为 [1，1]，即第二行数字。

第 3 步，由数组 1 计算数组 2。按照杨辉三角规则，数组 2 两端元素值置为 1，中间元素值用上一行（数组 1）相邻两个两个元素值之和求出。

第 4 步，进行循环迭代，将数组 1 的值修改置为数组 2 的值，返回第 3 步重复计算。

杨辉三角使用循环嵌套结构，需要知道多项式的幂指数（即行数），外层循环终止条件为多项式的幂指数，内层循环终止条件为每个次方的项数（即列数）。

根据分析，以 9 次幂杨辉三角为例编写程序代码如下：

```html
<html>
    <head>
        <meta charset="UTF-8">
        <title> 杨辉三角 </title>
    </head>
    <body>
        <!-- 定义显示杨辉三角的 div 元素，并设置居中显示和行高 -->
        <div style="text-align: center;line-height: 25px;">
            <script>
                // 数组定义和初始化
                var a1 = [1, 1];
                var a2 = [1, 1];
                // 循环嵌套计算杨辉三角值并输出
                for(var i = 0; i <= 9; i++) {
                    for(var j = 1; j < i + 2; j++) {
                        // 调用元素值计算函数计算元素值并输出
                        document.write(c(i, j) + "     ");
                    }
                    // 一行结束输出换行
                    document.write("<br />");
                }
                // 计算数组 2 的元素值
                function c(x, y) {
                    if((y == 1) || (y == x + 1)) return 1;
                    return c(x - 1, y - 1) + c(x - 1, y);
                }
            </script>
        </div>
    </body>
</html>
```

运行结果如图 6-14 所示。

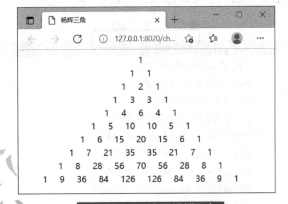

图 6-14 9 次幂杨辉三角

6.7 正则表达式

6.7.1 正则表达式定义

1．正则表达式定义语法

正则表达式（regular expression）是构成搜索模式的字符序列，该序列定义字符串的过滤逻辑，是对字符串执行模式匹配的强大工具，可用于文本搜索和文本替换等操作。有两种定义方式。

1）使用正则表达式字面量直接创建正则表达式：使用双斜杠直接定义正则表达式。语法格式如下：

/pattern/attributes

其中，位于双斜杠之间的参数 pattern 是一个字符串，定义正则表达式的模式，模式不能使用引号。位于最后一个斜杠之后的 attributes 参数是一个可选修饰性标志，有3种取值，见表6-7。

表6-7 attributes 参数

修 饰 符	描 述
i	执行对大小写不敏感的匹配
g	执行全局匹配（查找所有匹配而非在找到第一个匹配后停止）
m	执行多行匹配

以下代码定义一个正则表达式模式，表示不区分大小写匹配"box"单词。

var pattern = /Box/i;

2）使用 new 运算符创建正则表达式：这种方式使用 RegExp 构造函数定义正则表达式。语法格式如下：

new RegExp(pattern,attributes);

参数含义同字面量创建方法。以下代码用 new 运算符创建同样的正则表达式对象。

var pattern = new RegExp('Box','i');

2．模式字符串组成规则

模式字符串由字符范围、元字符和字符数量限定3个部分组成。

1）用括号运算符限定查找的字符串范围，见表6-8。

表6-8 括号运算符

表 达 式	描 述
[abc]	查找方括号之间的任何字符
[0-9]	查找任何从 0 至 9 的数字
(x|y)	查找由 | 分隔的任何选项
[^abc]	查找任何不在方括号之间的字符
[a-z]	查找任何从小写 a 到小写 z 的字符
[A-Z]	查找任何从大写 A 到大写 Z 的字符
[A-z]	查找任何从大写 A 到小写 z 的字符
[adgk]	查找给定集合内的任何字符
[^adgk]	查找给定集合外的任何字符

2）元字符（Metacharacter）具有特殊的含义，见表6-9。

表6-9　元字符

元　字　符	描　　述
\d	查找数字
\s	查找空白字符
\b	匹配单词边界
.	查找单个字符，除了换行和行结束符
\w	查找单词字符
\W	查找非单词字符
\D	查找非数字字符
\S	查找非空白字符
\B	匹配非单词边界
\0	查找 NULL 字符
\n	查找换行符
\f	查找换页符
\r	查找回车符
\t	查找制表符
\v	查找垂直制表符
\xxx	查找以八进制数 xxx 规定的字符
\xdd	查找以十六进制数 dd 规定的字符
\uxxxx	查找以十六进制数 xxxx 规定的 Unicode 字符

3）Quantifiers 定义量词，见表6-10。

表6-10　量词

量　词	描　　述
n+	匹配任何包含至少一个 n 的字符串
n*	匹配任何包含零个或多个 n 的字符串
n?	匹配任何包含零个或一个 n 的字符串
n{X}	匹配包含 X 个 n 的序列的字符串
n{X, Y}	匹配包含 X 至 Y 个 n 的序列的字符串
n{X,}	匹配包含至少 X 个 n 的序列的字符串
n$	匹配任何结尾为 n 的字符串
^n	匹配任何开头为 n 的字符串
?=n	匹配任何其后紧接指定字符串 n 的字符串
?!n	匹配任何其后没有紧接指定字符串 n 的字符串

3．常用正则表达式

表6-11 给出了一些常用的正则表达式范例供参考学习。

表 6-11　常用正则表达式范例

表达式说明	表　达　式
验证 Email 地址	^\w+[-+.]\w+)*@\w+([-.]\w+)*\.\w+([-.]\w+)*$
身份证号 (15 位或 18 位)，最后一位是校验位，可能为数字或字符 X	(^\d{15}$)\|(^\d{18}$)|(^\d{17}(\d|X|x)$)
手机号码	1\d{10}
邮政编码	[1-9]\d{5}
IP 地址	((2[0-4]\d|25[0-5]|[01]?\d\d?)\.){3}(2[0-4]\d|25[0-5]|[01]?\d\d?)
日期 (年 - 月 - 日)	(\d{4}|\d{2})-((1[0-2])|(0?[1-9]))-(([12][0-9])|(3[01])|(0?[1-9]))
日期 (月 / 日 / 年)	((1[0-2])|(0?[1-9]))/(([12][0-9])|(3[01])|(0?[1-9]))/(\d{4}|\d{2})
验证数字	^[0-9]*$
验证 n 位的数字	^\d{n}$
验证至少 n 位数字	^\d{n,}$
验证 m-n 位的数字	^\d{m,n}$
验证零和非零开头的数字	^(0|[1-9][0-9]*)$
验证有 1 ~ 3 位小数的正实数	^[0-9]+(.[0-9]{1,3})?$
验证非零的正整数	^\+?[1-9][0-9]*$
验证非零的负整数	^\-[1-9][0-9]*$
验证非负整数 (正整数 + 0)	^\d+$
验证非正整数 (负整数 + 0)	^((-\d+)|(0+))$
验证长度为 3 的字符	^.{3}$
验证由 26 个英文字母组成的字符串	^[A-Za-z]+$
验证由 26 个大写英文字母组成的字符串	^[A-Z]+$
验证由 26 个小写英文字母组成的字符串	^[a-z]+$
验证由数字和 26 个英文字母组成的字符串	^[A-Za-z0-9]+$
账号是否合法 (字母开头，允许 5 ~ 16 字节，允许字母、数字和下划线)	^[a-zA-Z][a-zA-Z0-9_]{4,15}$
密码 (以字母开头，长度在 6 ~ 18 之间，只能包含字母、数字和下划线)	^[a-zA-Z]\w{5,17}$
强密码 (必须包含大小写字母和数字的组合，不能使用特殊字符，长度在 8 ~ 10 之间)	^(?=.*\d)(?=.*[a-z])(?=.*[A-Z])[a-zA-Z0-9]{8,10}$
强密码 (必须包含大小写字母和数字的组合，可以使用特殊字符，长度在 8 ~ 10 之间)	^(?=.*\d)(?=.*[a-z])(?=.*[A-Z]).{8,10}$
验证由 26 个小写英文字母组成的字符串	^[a-z]+$
验证由数字和 26 个英文字母组成的字符串	^[A-Za-z0-9]+$
账号是否合法 (字母开头，允许 5 ~ 16 字节，允许字母、数字和下划线)	^[a-zA-Z][a-zA-Z0-9_]{4,15}$
密码 (以字母开头，长度在 6 ~ 18 之间，只能包含字母、数字和下划线)	^[a-zA-Z]\w{5,17}$
强密码 (必须包含大小写字母和数字的组合，不能使用特殊字符，长度在 8 ~ 10 之间)	^(?=.*\d)(?=.*[a-z])(?=.*[A-Z])[a-zA-Z0-9]{8,10}$
强密码 (必须包含大小写字母和数字的组合，可以使用特殊字符，长度在 8 ~ 10 之间)	^(?=.*\d)(?=.*[a-z])(?=.*[A-Z]).{8,10}$

6.7.2 操作正则表达式的方法

1．正则表达式 RegExp 对象的属性

RegExp 对象是带有预定义属性和方法的正则表达式对象，其属性见表 6-12。

表 6-12 RegExp 对象的属性

属　　性	描　　述
global	返回 RegExp 对象是否具有标志 "g"，是返回 true，否则为 false
ignoreCase	返回 RegExp 对象是否具有标志 i，是返回 true，否则为 false
lastIndex	一个整数，标示开始下一次匹配的字符位置
multiline	返回 RegExp 对象是否具有标志 m，是返回 true，否则为 false
source	返回模式匹配所用的文本，不包括正则表达式直接量使用的定界符，也不包括标志 g、i、m

属性说明举例如下：

var patt1 = new RegExp("W3S", "g");

document.write(patt1.source); // 输出：W3S

2．正则表达式 RegExp 对象的方法

正则表达式 RegExp 对象提供了一些操作正则表达式的方法，见表 6-13。

表 6-13 RegExp 对象方法

方　　法	描　　述
compile ()	RegExpObject.compile (regexp，modifier)，用于在脚本执行过程中编译 / 改变和重新编译正则表达式，参数 regexp 和 modifier 分别是正则表达式和修饰性标志
test ()	RegExpObject.test (string)，检索字符串 string 中是否包含指定的值。如果含有与 RegExpObject 匹配的文本，则返回 true，否则返回 false
exec ()	RegExpObject.exec (string)，检索字符串 string 中是否包含指定的值，返回找到的值并确定其位置。如果找到匹配的文本，返回一个结果数组，同时返回匹配文本的第一个字符的位置；否则，返回 null。较 test () 方法功能更为强大，使用也更为复杂

3．字符串 String 对象的方法

字符串 String 对象也提供了一些操作正则表达式的方法，见表 6-14。

表 6-14 String 对象操作正则表达式的方法

方　　法	描　　述
search ()	search (regexp)，检索字符串中指定的子字符串，或与正则表达式相匹配的子字符串。返回第一个与 regexp 相匹配的子串的起始位置，如果没有找到任何匹配的子串，则返回 -1。参数 regexp 是需要在字符串对象中检索的子串或 RegExp 对象。如果要执行忽略大小写的检索，需要添加修饰性标志 i
match ()	match (searchvalue/regexp)，在字符串内检索指定的值，或找到一个或多个正则表达式的匹配。类似于 indexOf () 和 lastIndexOf () 方法，但是返回指定的值，而不是字符串的位置。参数 searchvalue/regexp 规定要检索的字符串值或要匹配的模式的 RegExp 对象，如果不是 RegExp 对象需要先转换为 RegExp 对象
replace ()	replace (regexp/substr，replacement)，在字符串中用一些字符替换另一些字符，或替换一个与正则表达式匹配的子串。返回一个新的用 replacement 替换了 regexp 的第一次匹配或所有匹配之后得到的字符串 参数 regexp/substr 必需，规定子字符串或要替换的模式的 RegExp 对象 replacement 必需，是一个字符串值，规定了替换文本或生成替换文本的函数

（续）

方　　法	描　　述
split()	split(separator, howmany)，把一个字符串分割成字符串数组。返回一个字符串数组，该数组由参数 separator 分割的字符串子串创建，不包括 separator 参数自身。但是，如果 separator 是包含子表达式的正则表达式，那么返回的数组中包括与这些子表达式匹配的字串（但不包括与整个正则表达式匹配的文本） separator 必需，字符串或正则表达式，从该参数指定的地方分割字符串 howmany 可选，指定返回数组的最大长度，如果设置了该参数，返回的子串不会多于这个参数指定的数组；如果不设置，将分割整个字符串

【实战举例 example6-21.html】用 search() 方法检查字符串中是否含有非数字。

```
<script>
    // 定义一个字符串
    var str = '138i26579287';
    // 定义模式规则，匹配 0 ~ 9 的数字
    var reg = /[^0-9]/;
    // 匹配，若找到，则返回找到的位置，否则返回 -1
    document.write(str.search(reg));
</script>
```

程序运行输出 3，字符串中第一个非数字的索引位置。

【实战举例 example6-22.html】用 test() 方法检查字符串是否符合日期格式
"****-**-*" 或 "****-**-**"。

```
<script>
    // 定义一个字符串
    var str = '2019-2-123';
    // 定义日期格式模式规则，4 个数字开头 -2 个数字 -1 个或者 2 个数字结尾
    var reg = /^[\d]{4}-[\d]{2}-[\d]{1,2}$/;
    // 改为用正则对象的 test 校验，符合返回 true，不符合返回 false
    document.write(reg.test(str));
</script>
```

程序运行输出 false，字符串中最后一个减号后有 3 个数字，不符合模式。

【实战举例 example6-23.html】用 test() 方法检查字符串是否符合日期格式
"****-**-*" 或 "****-**-**"。

```
<script>
    var str = "Hello";
    // 定义匹配字母 l 的模式
    var reg = /[l]/g;
    while(reg.test(str)) {
        console.log(" 文本匹配位置： " + reg.lastIndex);
    }
</script>
```

运行结果如图 6-15 所示。

图 6-15　运行结果

表明字母 "1" 下一个被匹配的位置分别是 3 和 4。

6.7.3　正则表达式综合案例——用户注册信息验证

【实战举例 example6-24. html】用正则表达式验证用户注册信息输入的规范性。

```html
<html>
    <head>
        <meta charset="UTF-8">
        <title> 用户注册 </title>
        <script type="text/javascript">
            /* 校验用户名格式函数 */
            function NameOK(str) {
                /* 用户名规则，以字母开头，允许 5 ～ 16 字符，允许字母、数字和下划线 */
                var reg = /^[a-zA-Z][a-zA-Z0-9_]{4,15}$/;
                return reg.test(str); /* 进行验证 */
            }
            /* 校验密码格式函数 */
            function PassOK(str) {
                /* 密码规则，以字母开头，长度在 6~18 之间，只能包含字母、数字和下划线 */
                var reg = /^[a-zA-Z]\w{5,17}$/;
                return reg.test(str);
            }
            /* 校验手机号码格式函数 */
            function TelOK(str) {
                /* 手机号码规则，以 1 开头，第 2 个数字为 3、5、8、4，紧跟 9 个数字 */
                var reg = /^1[3584]\d{9}$/;
                return reg.test(str);
            }
            /* 校验邮件地址格式函数 */
            function EmailOK(str) {
                /* 邮件地址规则，以字母开头，包含 @ 和 .*/
                var reg = /^\w+@[a-zA-Z0-9]{2,10}(?:\.[a-z]{2,4}){1,3}$/;
                return reg.test(str);
            }


            /* 表单提交函数 */
            function fun() {
                if(!NameOK(document.getElementById("username").value)) {
                    alert(" 用户名格式不符合要求 ");
                }
                if(!PassOK(document.getElementById("password").value)) {
                    alert(" 密码格式不符合要求 ");
                }
                if(!TelOK(document.getElementById("telnum").value)) {
                    alert(" 手机号码格式不符合要求 ");
```

```
            }
            if(!EmailOK(document.getElementById("email").value)) {
                alert(" 邮箱地址格式不符合要求 ");
            }
            /* 运行到这里说明验证通过，给出成功提示 */
            alert(" 提交成功 ");
        }
    </script>
</head>
<body>
    <h1 align="center"> 用户注册 </h1>
    <form action="" medthod="post" onsubmit="return fun()">
        用户名 <input type="text" name="username" id="username" /><br/>
        密码 <input type="password" name="passowrd" id="password" /><br/>
        电话号码 <input type="tel" name="telnum" id="telnum" /><br/>
        邮箱 <input type="email" name="email" id="email" /><br/>
        <input type="submit" id="submit" value=" 注册 " />
    </form>
</body>
</html>
```

运行结果如图 6-16 所示。

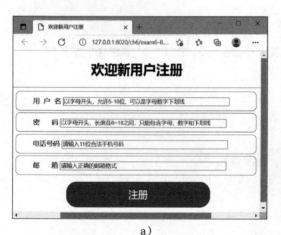

a）

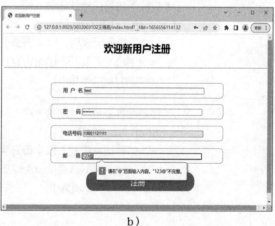

b）

127.0.0.1:8020 显示

用户名是字母开头，允许5~16字节，允许字母数字下划线

确定

c）

127.0.0.1:8020 显示

提交成功

确定

d）

图 6-16　用户注册信息验证

a）起始页面　b）邮箱地址不完整提示　c）用户名格式出错提示　d）正确提交提示

单元总结

本单元介绍了 JavaScript 的基础语法，主要知识点如图 6-17 所示。

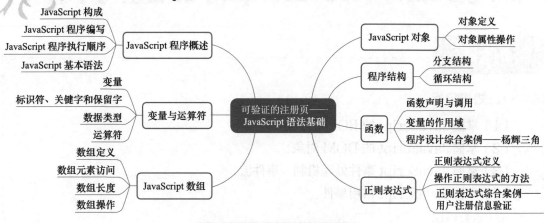

图 6-17   本单元知识点总结

习　题

一、填空题

1．在 HTML 文档中引入 JavaScript 有两种方式，一种是内嵌式；另一种是＿＿＿＿＿。

2．JavaScript＿＿＿＿＿，又被称为"保留字"，是指在 JavaScript 语言中被事先定义好并赋予特殊含义的单词。

3．JavaScript 中主要包括两种注释：单行注释和＿＿＿＿＿注释。

4．在 JavaScript 中，函数使用关键字＿＿＿＿＿来定义。

5．在 JavaScript 中，所有的 JavaScript 变量都由关键字＿＿＿＿＿声明。

二、选择题

1．（多选）下列选项中，关于插入 JavaScript 脚本位置正确的是（　　　　）。
A．<body> 部分　　　　　　　　　B．<head> 部分
C．<body> 部分和 <head> 部分均可　D．以上都不正确

2．（单选）下列选项中，哪个 HTML 元素中可以放置 JavaScript 代码？（　　）
A．<script>　　　B．<javascript>　C．<js>　　　　D．<scripting>

3．（单选）分析下面的 JavaScript 代码，经过运算后 m 的值为（　　）。
var x=11; var y="number"; var m=x+y;
A．11number　　B．number　　　C．11　　　　　D．程序报错

4．（单选）下列代码中，用于判断当 i 不等于 5 时执行一些语句的条件语句是（　　）
A．if =! 5 then　B．if <>5　　　C．if (i <> 5)　　D．if (i != 5)

拓展实训

1．使用分支和循环结构实现汉诺塔程序。
2．编写一个数组排序函数，并使用其对给定数组进行排序。

单元 7

BOM与DOM——JavaScript对象模型与事件

学习目标

1. 知识目标

（1）掌握 JavaScript 的 BOM 对象；

（2）掌握 JavaScript 的 DOM 对象；

（3）掌握 JavaScript 事件处理机制与事件流；

（4）掌握 JavaScript 常用事件。

2. 能力目标

（1）能熟练使用 JavaScript 开发交互效果页面；

（2）能使用 JavaScript 对象和 DOM 编程实现交互效果页面。

3. 素质目标

（1）具有质量意识、安全意识、工匠精神和创新思维；

（2）具有集体意识和团队合作精神；

（3）熟悉软件开发流程和规范，具有良好的编程习惯。

对象模型是 JavaScript 编程的基础，包括浏览器对象模型和文档对象模型。事件是 JavaScript 与用户进行交互、实现网页效果和功能的核心技术，在 JavaScript 编程中具有重要的地位。本单元介绍 JavaScript 对象模型的概念、基于对象模型的 HTML 元素遍历和操作以及事件处理程序的语法和用法。

7.1 对象模型与弹出框

7.1.1 文档对象模型 DOM

1. DOM 概念

浏览器加载 HTML 页面时将页面上的标签、标签的内容、标签的属性以及整个页面都映射为对象，以对象的方式访问这些内容，这一过程称为对象化过程，生成的对象模型称为文档对象模型（Document Object Model，DOM）。DOM 提供了 JavaScript 对 HTML 页面编程的标准接口，通过 DOM JavaScript 能够访问 HTML 网页、HTML 元素、元素的属性、元素的方法以及元素的事件等。

HTML 文档的 DOM 模型是一种树形结构，用户注册页面的 DOM 如图 7-1 所示。

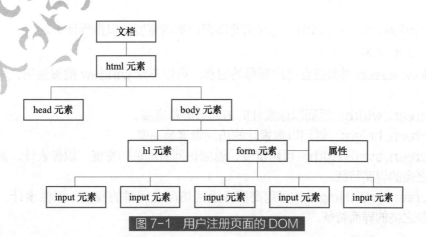

图 7-1　用户注册页面的 DOM

2．节点分类

DOM 将 HTML 页面中的所有内容转换为对象，这些对象也称为节点（Node），根据节点的内容和作用不同，分为以下类型：

1）整个文档是文档节点。

2）HTML 元素是元素节点。

3）HTML 元素内的文本是文本节点。

4）HTML 元素的属性是属性节点。

5）HTML 注释是注释节点。

根据节点分类，一个包含了属性和内容的 HTML 元素在浏览器中并不是一个简单元素节点，是包含属性子节点和文本子节点的元素节点，在后面节点导航中要特别引起注意。

3．文档对象 document

JavaScript 将 HTML 对应为文档对象 document 进行访问，document 对象常用属性和方法说明如下：

1）document.body：返回 HTML 文档的 body 元素。

2）document.documentElement：返回 HTML 完整文档。

3）document.write()：向文档写HTML表达式或JavaScript代码，参数为待写内容。

4）document.writeln()：同 write() 方法，在每个表达式之后写若干个空格。

7.1.2　浏览器对象模型 BOM

浏览器对象模型（Browser Object Model，BOM）允许 JavaScript 与浏览器对话，包括 window 对象等若干对象。

1．window 对象

window 对象代表浏览器窗口，所有浏览器都支持 window 对象。全局 JavaScript 对象、函数和变量自动成为 window 对象的成员，变量成为 window 对象的属性，函数成为 window 对象的方法，HTML DOM 的 document 对象也是 window 对象属性，所以 window 对象往往可以省略不写。

使用 window 对象属性可以确定浏览器窗口的尺寸，说明如下：

1）window.innerHeight：返回浏览器窗口的内高度（以像素计）。

2）window. innerWidth：返回浏览器窗口的内宽度（以像素计）。

2．screen 对象

window. screen 对象包含用户屏幕的信息。可以不带 window 前缀使用，常用属性说明如下：

1）screen. width：返回以像素计的访问者屏幕宽度。

2）screen. height：返回以像素计的访问者屏幕高度。

3）screen. availWidth：可用宽度，返回访问者屏幕的宽度，以像素计，减去诸如窗口工具条之类的界面特征。

4）screen. availHeight：可用高度，返回访问者屏幕的高度，以像素计，减去诸如窗口工具条之类的界面特征。

3．location 对象

window. location 对象用于获取网页地址（URL），并把浏览器重定向到新页面，常用属性说明如下：

1）location. href：返回当前页面的 href（URL）。

2）location. hostname：返回 Web 主机的域名。

3）location. pathname：返回当前页面的路径或文件名。

4）location. protocol：返回使用的 Web 协议（HTTP: 或 HTTPS:）。

5）location. assign：加载新文档。

4．history 对象

window. history 对象用于获取用户在浏览器窗口访问过的 URL，但是为了保护用户的隐私，JavaScript 对访问此对象存在限制。相关方法说明如下：

1）history. back()：等同于在浏览器中单击后退按钮。

2）history. forward()：等同于在浏览器中单击前进按钮。

5．navigator 对象

window. navigator 对象获取有关浏览器的信息，常用属性说明如下：

1）navigator. cookieEnabled：如果 cookie 已启用返回 true，否则返回 false。

2）navigator. appName：返回浏览器的应用程序名称。

3）navigator. appCodeName：返回浏览器的应用程序代码名称。

4）navigator. platform：返回浏览器平台（操作系统）。

5）navigator. product：返回浏览器引擎的产品名称。

6）navigator. appVersion：返回有关浏览器的版本信息。

7）navigator. userAgent：返回由浏览器发送到服务器的用户代理报头（user-agent header）。

7.1.3 弹出框

JavaScript 弹出框能够传递信息给用户，有 3 种类型的弹出框，需要用户确认的简单警告框、跟踪用户操作的确认框和提示框。

1．警告框

警告框是模式对话框，需要用户确认收到信息才能进行下一步的操作或信息显示，即在警告框弹出时，用户需要单击确认按钮才能继续后面的程序。语法格式如下：

```
window.alert("sometext");
```

参数为一个可以包含格式的字符串。例如在字符串中加入换行符（反斜杠后面加一个字符 n，\n）可以让字符串换行。以下代码的运行结果如图 7-2 所示。

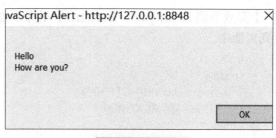

图 7-2　警告框

```
alert("Hello\nHow are you?");
```

2．确认框

确认框也是模式对话框，使用确认框能够获取用户的选择，根据用户的选择结果进行不同的程序流程。语法格式如下：

```
window.confirm("sometext");
```

参数含义同警告框，为提示信息字符串。

有返回值，用户单击确认按钮返回 true，单击取消按钮返回 false。

【实战举例 example7-1.html】用确认框让用户在删除记录前进行确认，增加数据的安全性。

```html
<html>
  <head>
    <meta charset="UTF-8">
    <title> 确认框 </title>
  </head>
  <body>
    <script>
      // 定义确认框
      var r = confirm(" 确认删除? ");
      // 返回 true 删除行
      if(r == true) {
        // 给出删除提示
        document.write(" 已删除 ");
      } else {
        document.write(" 已返回 ");
      }
    </script>
  </body>
</html>
```

运行结果如图 7-3 所示。

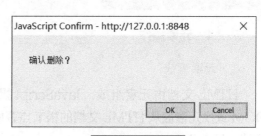

图 7-3　确认框

3．提示框

如果希望用户在进入下一步操作前输入一些信息，如找回用户密码前希望用户输入接收密码的手机号码等，就可以使用提示框。提示框也是模式对话框，较确认框增加了预置输入默认值和接收用户输入的功能。语法格式如下：

```
window.prompt("sometext","defaultText");
```

参数 sometext 含义同警告框，为提示信息字符串。参数 defaultText 为预置默认值。

有返回值，用户单击确认按钮返回用户输入或预置的默认值，单击取消按钮返回 null。

【实战举例 example7-2. html】用提示框接收用户的输入，并将用户的输入信息输出到页面中。

```html
<html>
  <head>
      <meta charset="UTF-8">
      <title> 提示框 </title>
  </head>
  <body>
      <script>
          // 定义提示框
          var person = prompt(" 请输入您的手机号码 ", "139-1234-5678");
          // 输出提示框返回值
          document.write(" 您的手机号码为： " + person);
      </script>
  </body>
</html>
```

运行结果如图 7-4 所示。

a)   b)

图 7-4 提示框

a）提示框 b）接收到的输入信息

7.2　元素与节点

7.2.1　元素操作

1．元素查找

HTML 文档由元素组成，JavaScript 操作元素之前必须能够准确定位到元素，基于 DOM 查找元素应从 HTML 文档的根节点开始，因此元素查找的方法是 Document 对象的方法，见表 7-1。

表 7-1　DOM 查找元素的方法

方　　法	描　　述
document. getElementById (id)	通过元素 ID 属性查找元素，返回唯一元素，可以直接使用
document. getElementsByTagName (name)	通过标签名（元素名）查找元素，返回 HTMLCollection 对象类型的 HTML 元素列表（集合）。HTMLCollection 中的元素可以通过索引号进行访问，索引从 0 开始，具有 length 属性定义节点列表中的节点数

（续）

方　　　法	描　　　述
document.getElementsByClassName (name)	通过元素类名（类属性）来查找元素，返回 HTMLCollection 或 NodeList 对象（针对一些老的浏览器）类型的 HTML 元素列表（集合）。与 HTMLCollection 一样，NodeList 中的元素也可以通过索引号进行访问，索引从 0 开始，具有 length 属性定义节点列表中的节点数
document.querySelectorAll()	通过 CSS3 选择器查找 HTML 元素，返回匹配指定 CSS3 选择器（ID、类名、类型、属性、属性值等）的所有 HTML 元素（不适用于 Internet Explorer 8 及更早版本的浏览器）。大多数浏览器会为 querySelectorAll() 方法返回 NodeList 对象

2．HTMLCollection 对象与 NodeList 对象

HTMLCollection 是 HTML 元素的集合，NodeList 是文档节点的集合，两者几乎完全相同，都是类数组的对象列表（集合），都有定义列表（集合）中项目数的 length 属性，都可以通过索引像数组一样访问每个项目，索引号都从 0 开始。但是二者都不是数组，不能使用数组的方法，如 pop()、push()、valueOf()、join() 等。

两者的区别如下：

1）HTMLCollection 是 HTML 元素的集合，因此可以通过元素的名称、ID 或索引号访问。NodeList 是节点的集合，是项目，因此只能通过索引号进行访问。

2）NodeList 对象能包含属性节点和文本节点。

3．元素操作属性和方法

在 HTML DOM 中，用 Element 对象表示 HTML 元素，通过 Element 对象的属性和方法可以访问 HTML 元素见表 7-2。

表 7-2　Element 对象的元素操作属性和方法

属性 / 方法	描　　　述
element.className	设置或返回元素的 class 属性
element.attributes	返回元素属性的 NamedNodeMap
element.attribute	设置或返回元素属性的值
element.getAttribute()	返回元素节点的指定属性值
element.setAttribute()	把指定属性设置或更改为指定值
element.style.property	设置或返回元素的 style 属性
element.removeAttribute()	从元素中移除指定属性
element.id	设置或返回元素的 ID
element.innerHTML	设置或返回元素的内容。文本节点访问 innerHTML 属性等同于访问首个子节点的 nodeValue
element.nodeName	返回元素的名称 ● 元素节点的 nodeName 等同于标签名，总是包含 HTML 元素的大写标签名 ● 属性节点的 nodeName 是属性名称 ● 文本节点的 nodeName 总是 #text ● 文档节点的 nodeName 总是 #document

（续）

属性 / 方法	描　　述
element.nodeType	返回元素的节点类型，是枚举类型常量，常量名与值的对应关系如下： ● ELEMENT_NODE: 1 ● ATTRIBUTE_NODE: 2，已弃用 ● TEXT_NODE: 3 ● COMMENT_NODE: 8 ● DOCUMENT_NODE: 9 ● DOCUMENT_TYPE_NODE: 10
element.nodeValue	设置或返回元素的值 ● 元素节点的 nodeValue 是 undefined ● 文本节点的 nodeValue 是文本 ● 属性节点的 nodeValue 是属性值
element.tagName	返回元素的标签名

【实战举例 example7-3. html】使用元素查找函数查找元素，使用 innerHTML 属性输出元素内容。

```html
<html>
  <head>
    <meta charset="UTF-8">
    <title> 元素查找 </title>
  </head>
  <body>
    <h2 align="center">HTML 元素 </h2>
    <p> 段落元素 </p>
    <p id="pid"> 包含 ID 属性的段落元素 </p>
    <p class="pclass"> 包含 class 属性的段落元素 </p>
    <br>
    <h2 align="center"> 输出 HTML 元素信息 </h2>
    <!-- 访问元素 -->
    <script type="text/javascript">
      // 通过 id 获取节点
      var myElement = document.getElementById("pid");
      document.writeln(" 元素的内容为 : " + myElement.innerHTML + "<br>");
      // 通过类名获取节点
      var myElement = document.getElementsByClassName("pclass");
      document.writeln(" 元素的内容为 : " + myElement[0].innerHTML + "<br><br>");
      // 通过标签名获取节点
      var myElement = document.getElementsByTagName("p");
      for(var i = 0; i < myElement.length; i++) {
        document.writeln(" 元素的内容为 : " +myElement[i].innerHTML + "<br>");
      }
      // 通过选择器获取节点
      var myElement = document.querySelectorAll("p.pclass");
      document.writeln("<br>" +" 元素的内容为 : " + myElement[0].innerHTML);
    </script>
```

```
</body>
</html>
```
运行结果如图 7-5 所示。

7.2.2　节点操作

1．创建节点

可以创建元素、文本和注释节点。

document 对象的 createElement() 方法可创建元素节点，语法如下：

图 7-5　元素查找

```
document.createElement(name);
```

其中，参数 name 取值为字符串值，规定元素节点的名称，必须是合法的名称。返回值为新创建的具有指定的标签名的 Element 节点。以下代码创建一个 p 元素节点。

```
var para = document.createElement("p");
```

document 对象的 createTextNode() 方法创建文本节点，语法如下：

```
document.createTextNode(data);
```

其中，参数 data 取值为字符串值，规定节点的文本。返回值为新创建的、具有指定文本值的文本节点。以下代码创建一个文本节点。

```
var node = document.createTextNode("这是新文本。");
```

2．添加 / 移动节点

appendChild() 方法添加或移动节点。如果是新节点，进行节点添加，添加后新节点作为父节点的最后一个子节点。如果是现有节点，进行节点移动，移动后节点从原来位置移动到被添加节点在最后一个子节点的位置，语法如下：

```
node.appendChild(newNode)
```

其中，参数 newNode 定义待移动或添加的节点对象。

【实战举例 example7-4.html】使用节点操作方法创建和添加 / 移动节点。

```
<html>
  <head>
      <meta charset="utf-8">
      <title> 添加节点 </title>
  </head>
  <body>
      <ul id="drink1">
          <li> 咖啡 </li>
          <li> 茶 </li>
      </ul>
      <ul id="drink2">
          <li> 水 </li>
          <li> 牛奶 </li>
      </ul>
      <button onclick="move()"> 移动节点 </button>
```

```
<button onclick="add()"> 添加节点 </button>
<script>
    function move() {
        // 获取待移动节点
        var node = document.getElementById("drink2").lastChild;
        // 移动节点
        document.getElementById("drink1").appendChild(node);
    }
    function add() {
        // 创建新节点
        var node = document.createElement("li");
        node.innerText=" 果汁 ";
        // 添加节点
        document.getElementById("drink1").appendChild(node);
    }
</script>
</body>
</html>
```

运行结果如图 7-6 所示。

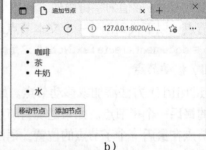

图 7-6　添加 / 移动节点

a）起始效果　b）节点移动效果

与 appendChild() 方法一样，insertBefore() 方法也可以添加或移动节点，方法原型如下：

`node.insertBefore(newnode,existingnode)`

其中，参数 newnode 是 Node 对象，定义待插入的节点对象。参数 existingnode 也是 Node 对象，定义插入节点的位置，如果该参数未指定，则在文档结尾插入 newnode。由插入位置节点的父节点调用该方法。

【实战举例 example7-5. html】修改例 7-4，用 insertBefore() 方法实现同样的程序效果。

```
<script>
    function move() {
        // 获取待移动节点
        var node = document.getElementById("drink2").lastChild;
        // 定义节点插入位置
```

```
        var position = document.getElementById("drink1");
        // 移动节点
        position.insertBefore(node, position.lastChild);
    }

    function add() {
        // 创建新节点
        var node = document.createElement("li");
        node.innerText = " 果汁 ";
        // 定义节点插入位置
        var position = document.getElementById("drink1");
        // 添加节点
        position.insertBefore(node, position.lastChild);
    }
</script>
```

3. 删除节点

removeChild() 方法指定元素的某个指定的子节点。语法如下：

```
node.removeChild(node)
```

其中，参数 node 定义待删除的节点对象。函数返回被删除的节点，如果节点不存在则返回 null。由待删除节点的父节点调用该方法，一般使用 parentNode 属性寻找节点的父节点。

4. 替换节点

replaceChild() 方法实现新节点替换某节点的功能，新节点可以是文档中某个已存在的节点，也可以是新创建的节点。语法如下：

```
node.replaceChild(newnode,oldnode)
```

其中，参数 newnode 定义希望插入的节点对象，参数 oldnode 定义被替换（删除）的节点对象。

【实战举例 example7-6. html】使用节点操作方法实现表格行的动态添加与删除。

```
<html>
  <head>
      <meta charset="UTF-8">
      <title> 表格操作 </title>
  </head>
  <body>
      <input id="content" type="text" /> 
      <input type="button" value=" 添 加 " onclick="add();" /><br /><br />
      <table id="tab" border="2" width="300">
          <!-- 用 thead 和 tbody 分段显示表格，清晰 HTML 结构 -->
          <thead>
              <td> 编号 </td>
              <td> 姓名 </td>
              <td> 操作 </td>
          </thead>
```

```
            <tbody>
                <tr>
                    <td>301020210</td>
                    <td> 王 **</td>
                    <td>
                        <a href='#' onclick='del(this);'> 删除 </a>
                    </td>
                </tr>
                <tr>
                    <td>301020211</td>
                    <td> 李 **</td>
                    <td>
                        <a href='#' onclick='del(this);'> 删除 </a>
                    </td>
                </tr>
                <!-- 三行内容 -->
            </tbody>
        </table>
    </body>
    <script type="text/javascript">
        // 添加表格行
        function add() {
            // 获取文本框输入内容
            var strcontent = document.getElementById("content").value;
            // 创建第 1 个 td（列）
            var td0 = document.createElement("td");
            // 获得表格行数
            var objtbody = document.getElementById("tab").tBodies[0];
            var rownum = objtbody.rows.length;
            // 获取表格最后一行第一列的值
            var myElement = document.getElementById("tab").getElementsByTagName("tr")[rownum].
getElementsByTagName("td")[0];
            var x = Number(myElement.innerHTML);
            td0.innerHTML = x + 1;
            // 创建第 2 个 td（列）
            var td1 = document.createElement("td");
            td1.innerHTML = strcontent;
            var td2 = document.createElement("td");
            // 创建第 3 个 td（列），this 代表事件绑定 a 标签
            var strA = "<a href='#' onclick='del(this);'> 删除 </a>";
            td2.innerHTML = strA;
            // 创建 td 的父节点 tr( 行 )，通过行来创建关联子节点
            var objtr = document.createElement("tr");
            objtr.appendChild(td0);
            objtr.appendChild(td1);
            objtr.appendChild(td2);
```

```
        // 将 tr 关联到 body 中
        objtbody.appendChild(objtr);
    }
    // 删除表格行
    function del(bq) {
        /* 由 a->td->tr->tbody 找到待删除节点的父节点 tbody,
        用 tbody 调用删除函数删除 tr 节点（a->td->tr）*/
        bq.parentNode.parentNode.parentNode.removeChild(
            bq.parentNode.parentNode);
    }
  </script>
</html>
```

运行结果如图 7-7 所示。

a)   b)

图 7-7 表格操作

a）起始效果 b）删除 / 添加行效果

5. 节点导航

节点导航是指节点的遍历，即由指定的节点出发，编程遍历所有的节点。节点遍历基于 DOM 树，树中的节点之间具有一定的等级关系，用"父（parent）""子（child）"和"同胞（sibling）"描述相互之间的关系，规则如下：

1）节点树中的顶端节点被称为根（根节点）。

2）除了根节点没有父节点外每个节点都有父节点。

3）节点可以拥有一定数量的子节点。

4）同胞（兄弟或姐妹）是指拥有相同父的节点。

基于以上规则，图 7-1 中节点之间的关系描述如下：

1）<html> 是根节点，<html> 没有父。

2）<html> 是 <head> 和 <body> 的父。

3）<head> 是 <html> 的第一个子。

4）<body> 是 <html> 的最后一个子。

5）<body> 有两个子：<h1> 和 <form>。

6）<form> 有五个 <input> 子和一个属性子。

节点对应 DOM 的 element 对象，element 对象与节点遍历相关的属性见表 7-3。

表 7-3　element 对象节点遍历属性

节　点	描　述
element. parentNode	返回元素的父节点
element. children	返回指定元素的子元素集合，非标准的属性，只返回 HTML 元素节点，甚至不返回文本节点，包含注释节点
element. childNodes	返回元素子节点的 NodeList 集合，包括 HTML 节点、所有属性和文本。并不只是 HTML 节点，所以使用中要特别小心，可以通过 nodeType 来判断节点类型，再进一步访问节点属性
element. firstChild	返回元素的首个子节点
element. firstElementChild	返回元素的首个元素子节点
element. lastChild	返回元素的最后一个子节点
element. lastElementChild	返回元素的最后一个元素子节点
element. nextSibling	返回位于相同节点树层级的下一个节点
element. nextElementSibling	返回位于相同节点树层级的下一个元素节点
element. previousSibling	返回位于相同节点树层级的前一个节点
element. previousElementSibling	返回位于相同节点树层级的前一个元素节点

【实战举例 example7-7. html】修改例 7-3，用节点遍历的方式查找元素，实现同样的效果。

修改 JavaScript 代码如下：

```
<script type="text/javascript">
    // 通过 ID 获取节点
    var myElement = document.getElementById("pid");
    document.writeln(" 元素的内容为 : " + myElement.innerHTML + "<br>");
    // 通过同胞获取元素
    var myElementNext = myElement.nextElementSibling;
    document.writeln(" 元素的内容为 : " + myElementNext.innerHTML + "<br><br>");
    // 通过子元素获取元素
    var myElement = document.body.children;
    for(var i = 1; i < 4; i++) {
        document.writeln(" 元素的内容为 : " + myElement[i].innerHTML + "<br>");
    }
    // 通过同胞获取元素
    var myElementPre = document.body.children[4].previousElementSibling;
    document.writeln("<br> 元素的内容为 : " + myElementPre.innerHTML + "<br>");
</script>
```

7.3　事件处理程序

7.3.1　事件处理程序概述

HTML DOM 允许 JavaScript 对 HTML 事件做出反应，事件是 JavaScript 和

HTML 之间交互的桥梁，是在文档或者浏览器窗口中发生的特定交互瞬间。由用户或浏览器自身执行某种动作（如在特定位置单击、窗体加载等）时，调用特定的处理函数或执行特定的 JavaScript 代码对动作做出响应。

事件的触发机制是动作，动作通过 HTML 元素属性进行定义，将属性插入 HTML 标签以定义事件的行为。相关属性见表 7-4。

表 7-4　JavaScript 事件属性

属　　　性	此事件发生在何时 ...
onabort	图像的加载被中断
onblur	元素失去焦点
onchange	域的内容被改变
onclick	当用户单击某个对象时调用的事件句柄
ondblclick	当用户双击某个对象时调用的事件句柄
onerror	在加载文档或图像时发生错误
onfocus	元素获得焦点
onkeydown	某个键盘按键被按下
onkeypress	某个键盘按键被按下并松开
onkeyup	某个键盘按键被松开
onload	一张页面或一幅图像完成加载
onmousedown	鼠标按键被按下
onmousemove	鼠标被移动
onmouseout	鼠标从某元素移开
onmouseover	鼠标移到某元素之上
onmouseup	鼠标按键被松开
onreset	重置按键被单击
onresize	窗口或框架被重新调整大小
onselect	文本被选中
onsubmit	确认按钮被单击
onunload	用户退出页面

7.3.2　基于元素属性的事件处理程序

1. 在 HTML 元素中增加事件属性

直接在 HTML 始标记中增加定义事件的属性，属性取值为待执行的 JavaScript 函数名或直接为待执行的 JavaScript 代码。例如为按钮添加单击事件，按钮单击执行 myFunction() 函数的代码如下：

```
<button onclick="myFunction()"> 点击这里 </button>
```

【实战举例 example7-8.html】设计一个简单页面，在页面上加一个按钮，单击按钮后弹出一个警告框。

```
<html>
    <head>
        <meta charset="UTF-8">
        <title> 测试单击事件 </title>
        <script type="text/javascript">
            function myFunction() {
                alert(" 测试 onclick 点击事件 ");
            }
        </script>
    </head>
    <body>
        <button onclick="myFunction()"> 请单击 </button>
    </body>
</html>
```

运行结果如图 7-8 所示。

　　a)

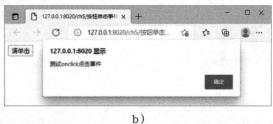
　　b)

图 7-8　单击事件

a）起始效果　b）单击效果

例 7-8 也可以直接将代码写在 HTML 始标记属性中实现同样的功能。去掉头部的 <script> 元素，修改 <button> 元素代码如下：

```
<button onclick="alert(' 测试 onclick 点击事件 ')"> 请单击 </button>
```

这种方式简单易用，如果代码较少，也经常使用。

2. 通过 DOM 为 HTML 元素分配事件

事件属性不是 HTML 元素固有的属性，放在 HTML 元素始标记中会降低程序的易读性，所以也往往通过 DOM 为 HTML 元素分配事件。语法格式同 DOM 属性设置。

【实战举例 example7-9.html】修改例 7-8，用 DOM 为 HTML 元素分配事件，实现同样的效果。

```
<html>
    <head>
        <meta charset="utf-8" />
    </head>
    <body>
        <button> 请单击 </button>
        <script>
            //DOM 为元素分配事件
            document.getElementsByTagName("button")[0].onclick = myFunction;
```

```
    // 事件函数
    function myFunction() {
        alert("测试 onclick 点击事件");
    }
    </script>
  </body>
</html>
```

7.3.3　基于监听机制的事件处理程序

1．事件监听

使用事件监听机制能够向一个元素添加多个事件处理程序，甚至是相同类型的事件处理程序。addEventListener()方法能够为元素添加事件监听，且不会覆盖已有的事件处理程序，能够向任何 DOM 对象（包括 HTML 元素、节点和 window 对象）添加事件处理程序，更容易控制事件如何对冒泡做出反应。

使用 addEventListener()方法为元素添加事件监听时，JavaScript 与 HTML 标记是分隔的，程序具有更好的可读性和结构性。语法如下：

```
element.addEventListener(event, function, useCapture);
```

其中，event 参数是事件的类型（如"click"或"mousedown"），一般为事件属性（见表 7-4）去掉"on"前缀。

function 参数是事件发生时需要调用的函数名。

useCapture 参数是布尔值，指定使用事件冒泡还是事件捕获。此参数是可选，默认值是 false，事件冒泡传播，如果将该值设置为 true，则事件使用捕获传播。

【实战举例 example7-10.html】修改例 7-8，用事件监听为 HTML 元素分配事件，实现同样的效果。

```
<html>
  <head>
    <meta charset="utf-8" />
  </head>
  <body>
    <button>请单击</button>
    <script>
      // 事件监听为元素分配事件
      document.getElementsByTagName("button")[0].addEventListener("click",myFunction);
      // 事件函数
      function myFunction() {
          alert("测试 onclick 单击事件");
      }
    </script>
  </body>
</html>
```

【实战举例 example7-11.html】用事件监听为 HTML 元素分配多个事件。

```
<html>
```

```html
<head>
    <meta charset="UTF-8">
    <title> 监听多个事件 </title>
</head>
<body>
    <button id="myBtn"> 请单击 </button>
    <!-- 输出被激活的事件信息 -->
    <p id="demo"></p>
    <script>
        var x = document.getElementById("myBtn");
        // 绑定 3 个事件监听器
        x.addEventListener("mouseover", myFunction);
        x.addEventListener("click", mySecondFunction);
        x.addEventListener("mouseout", myThirdFunction);
        // 第 1 个事件监听函数，监控鼠标进入
        function myFunction() {
            document.getElementById("demo").innerHTML += "Moused over!<br>";
        }
        // 第 2 个事件监听函数，监控鼠标单击
        function mySecondFunction() {
            document.getElementById("demo").innerHTML += "Clicked!<br>";
        }
        // 第 3 个事件监听函数，监控鼠标离开
        function myThirdFunction() {
            document.getElementById("demo").innerHTML += "Moused out!<br>";
        }
    </script>
</body>
</html>
```

【实战举例 example7-12.html】添加当用户调整窗口大小时触发的事件监听器。

```html
<html>
    <head>
        <meta charset="UTF-8">
        <title> 浏览器事件 </title>
    </head>
    <body>
        <!-- 浏览器窗口调整输出窗口高度值 -->
        <p id="demo"></p>
        <script>
            // 监听窗口调整
            window.addEventListener("resize", function() {
                document.getElementById("demo").innerHTML ="浏览器窗口高度为:"+window.innerHeight;
            });
        </script>
    </body>
</html>
```

运行结果如图 7-9 所示。

a）　　　　　　　　　　　　　　　　b）

图 7-9　浏览器窗口事件

a）高度为 100px　b）高度为 60px

2. 参数传递

使用事件监听机制还可以为事件函数传递参数。当传递参数值时，将匿名函数作为参数传递给 addEventListener() 方法，在匿名函数中调用具有参数的指定函数。在事件监听机制中为事件函数传递参数较使用事件属性代码的易读性更好。

【实战举例 example7-13.html】用带参数的事件监听器设计一个欢迎用户登录页面。

```html
<html>
  <head>
      <meta charset="UTF-8">
      <title> 带参数监听事件 </title>
  </head>
  <body>
      用户名： <input type="text" id="username">
      <button id="login"> 登录 </button>
      <p id="mess"></p>
      <script>
          // 获取元素
          var username = document.getElementById("username");
          var btnloign = document.getElementById("login");
          // 设置监听事件
          btnloign.addEventListener("click", function() {
              var user = username.value;
              myFunction(user);
          });
          // 带参数的监听事件函数
          function myFunction(user) {
              document.getElementById("mess").innerHTML = " 欢迎 " + user + " 登录 ";
          }
      </script>
  </body>
</html>
```

运行结果如图 7-10 所示。

a）   b）

图 7-10　带参数的监听事件程序

a）初始页面　b）登录欢迎

3．删除事件监听

removeEventListener () 方法能够删除 addEventListener () 方法附加的事件处理程序，语法如下：

```
element.removeEventListener (event, function);
```

其中，event 参数是事件的类型，同 addEventListener () 方法参数的含义。

function 参数是 addEventListener () 方法绑定的事件监听函数。

【实战举例 example7-14. html】修改例 7-12，为其添加一个按钮，实现单击按钮时，删除已有的用户调整窗口大小监听事件。

```html
<html>
  <head>
    <meta charset="UTF-8">
    <title></title>
  </head>
  <body>
    <!-- 调整输出窗口高度值 -->
    <p id="demo"></p>
    <button id="del"> 删除事件 </button>
    <script>
      // 监听窗口调整
      window.addEventListener("resize", fresize);
      function fresize() {
        document.getElementById("demo").innerHTML = window.innerHeight;
      }
      // 分配监听事件
      document.getElementById("del").addEventListener("click",removeHandler);
      function removeHandler() {
        // 移除监听事件
        window.removeEventListener("resize", fresize);
      }
    </script>
  </body>
</html>
```

7.3.4　事件流

网页元素会嵌套，例如将内容放在容器（如 div 元素）中，在内容上单击时同时也会单击到容器，如果同时给内容和容器都绑定了事件，就会同时触发内容和容器的事件，这时候就需要考虑页面接收事件的顺序，JavaScript用一种事件流的机制进行处理，有两类事件流，分别是事件冒泡流和事件捕获流。

事件流通过 addEventListener() 方法的参数进行控制，参见 7.3.3 节关于 addEventListener() 方法的说明，默认是冒泡事件流。

1. 事件冒泡

事件冒泡是一种由内而外的事件接收机制，即嵌套最深的元素首先接收事件，然后外面的元素依次接收事件，最后是最外层的元素接收事件，直到文档接收事件。

【实战举例 example7-15.html】编码运行程序，体验冒泡事件流中事件的执行顺序。

```html
<html>
    <head>
        <title> 事件冒泡 </title>
        <meta charset="utf-8">
    </head>
    <body>
        <div id="div">
            <a id="aTag">
                <span id="span"> 请单击 </span>
            </a>
        </div>
        <script type="text/javascript">
            // 为元素绑定事件
            document.getElementById("span").addEventListener('click', span);
            document.getElementById("aTag").addEventListener('click', aTag);
            document.getElementById("div").addEventListener('click', div);
            // 事件函数
            function span(e) {
                alert("span 标签 ");
            }
            function aTag(e) {
                alert("a 标签 ");
            }
            function div(e) {
                alert("div 标签 ");
            }
        </script>
    </body>
</html>
```

运行程序，当单击"请单击"文字后，页面会依次弹出"span 标签"→"a 标签"→"div 标签"警告框，表明最先响应了最内层元素 span 的事件，然后是外层元素 a 的事件，最后才是响应最外层元素 div 的事件，与事件冒泡流机制一致。

2. 事件捕获

事件捕获与事件冒泡事件流正好顺序相反，是一种由外而内的事件接收机制，即最外层的元素首先接收事件，然后里面的元素依次接收事件，最后嵌套最深的元素接收事件。

【实战举例 example7-16.html】修改例 7-15，为监听器方法增加事件捕获属性，运行程序，体验捕获事件流中事件的执行顺序。

修改绑定元素事件监听方法代码如下：

```
document.getElementById("span").addEventListener('click', span, true);
document.getElementById("aTag").addEventListener('click', aTag, true);
document.getElementById("div").addEventListener('click', div, true);
```

运行程序，当单击"请单击"文字后，运行结果与例 7-15 正好相反，页面会依次弹出"div 标签"→"a 标签"→"span 标签"警告框，表明最先响应了最外层元素 div 的事件，然后是内层元素 a 的事件，最后才是响应最内层元素 span 的事件，与事件捕获流机制一致。

7.4　常用事件处理程序

7.4.1　标准事件

1．onclick 事件

onclick 单击事件是网页交互中使用非常广泛的一个事件，也是元素支持最多的事件之一，绝大部分元素支持单击操作，应用单击操作最多的元素包括 button（按钮对象）、checkbox（复选框）、radio（单选框）、reset buttons（重置按钮）、submit buttons（提交按钮）等元素。

onclick 是浏览器提供给 JavaScript 的一个 DOM 接口，让 JavaScript 可以操作 DOM，是元素的属性，与 HTML 属性一样，不区分大小写。

【实战举例 example7-17.html】onclick 事件。

```
<!DOCTYPE html>
<html>
<head>
    <title> onclick 事件 </title>
    <meta charset="UTF-8">
    <script type="text/javascript">
    function myFunction(){
        alert(" 测试 onclick 点击事件 ");
    }
    </script>
</head>
<body>
    <button onclick="myFunction()"> 点击这里 </button>
</body>
</html>
```

运行结果如图 7-11 所示。

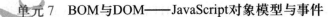

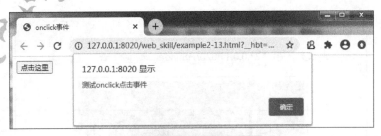

图 7-11　onclick 事件

2. onload 事件

onload 事件在页面完全加载完成之后（包括所有的图像、JavaScript、CSS 文件等外部资源）触发，一般在该事件中编写一些页面加载完成需要做的操作，如连接加载页面需要的数据、为页面元素设置样式等。

【实战举例 example7-18. html】在页面 onload 事件编写代码，为加载完毕的图像加边框，改善图像的显示效果。

```html
<html>
  <head>
    <meta charset="UTF-8">
    <title>onload 事件 </title>
    <style type="text/css">
        #myimg {
            /* 设置图片尺寸与内边距 */
            width: 320px;
            height: 240px;
            padding: 5px;
            /* 设置居中显示 */
            display: block;
            margin: 5px auto;
        }
    </style>
  </head>
  <body>
    <img id="myimg" src="img/readmoment.jpg">
    <script type="text/javascript">
        window.onload = myfun;

        function myfun() {
            // 获取元素并设置样式
            var imgelement = document.getElementById("myimg");
            imgelement.style.border = "solid 1px grey";
        }
    </script>
  </body>
</html>
```

运行结果如图 7-12 所示。

图 7-12 为图片加边框

3．onchange 事件

onchange 事件在 HTML 内容发生改变的时候触发，可用于文本框、列表框等对象，该事件一般用于响应用户修改内容带来的其他改变操作。需要注意的是用户向文本框中输入文本时不会触发 onchange 事件，只有当用户输入结束，单击文本框以外的区域，使文本框失去输入焦点时才触发该事件，如果是下拉框，则选择结束后即触发。

【实战举例 example7-19. html】编写代码，将用户输入的验证码在用户离开输入文本框时自动转化为大写字母。

```
<html>
  <head>
    <title>onchange 事件 </title>
    <meta charset="UTF-8">
    <script type="text/javascript">
      function upperCase() {
        var x = document.getElementById("mcode").value;
        document.getElementById("mcode").value = x.toUpperCase();
      }
    </script>
  </head>
  <body>
    <p>
      <label for="mcode"> 验证码： </label>
      <input type="text" id="mcode" onchange="upperCase()" />
    </p>
  </body>
</html>
```

运行结果如图 7-13 所示。

验证码：Test

验证码：TEST

　　　　　a）　　　　　　　　　　　　　　　　　　　　　b）

图 7-13　验证码转换

a）输入的信息　b）转换后的信息

4. onfocus 事件和 onblur 事件

onfocus 事件在元素获得焦点时触发，也称为焦点事件，常用于 <input>、<select>、<a> 元素中。onblur 事件在元素失去焦点时触发，也称为失去焦点事件，常用于表单验证中。

【实战举例 example7-20.html】编写代码验证用户名是否为空，为空用报警框给出提示。

```html
<html>
    <head>
        <title>onfocus 和 onblur 事件 </title>
        <meta charset="UTF-8">
    </head>
    <body>
        <p>
            <label for="name"> 用户名： </label>
            <input type="text" id="name" placeholder=" 用户名不能为空 "
                onfocus="this.placeholder=' ' "
                onblur="namemessage(this.id)" />
        </p>
        <script type="text/javascript">
            function namemessage(x) {
                var username;
                username = document.getElementById(x);
                if(username.value == ' ') {
                    alert(" 用户名不能为空 ");
                }
            }
        </script>
    </body>
</html>
```

运行结果如图 7-14 所示。

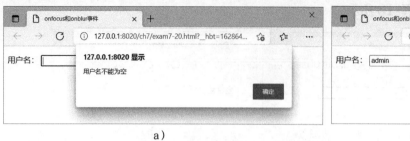

a）   b）

图 7-14　用户名不能为空

a）用户名为空　b）用户名不为空

程序运行注意事项：鼠标进入输入文本框以后不能离开，直接单击输入信息，否则会自动触发 onblur 事件。

5. onscroll 事件

onscroll 事件是窗口滚动事件，该事件在页面发生滚动时触发。

【实战举例 example7-21.html】编写代码获取窗口位置滚动信息，用段落元素显示滚动的位置。

```html
<html>
    <head>
        <title>onscroll 事件 </title>
        <meta charset="UTF-8">
        <style type="text/css">
            p {
                /* 固定定位使元素始终在顶部可见 */
                position: fixed;
                top: 10px;
            }
        </style>
    </head>
    <body>
        <p id="y_axis"></p>
        <br><br><br><br><br><br><br><br><br><br><br><br><br>
        <br><br><br><br><br><br><br><br><br><br><br><br><br>
        <script type="text/javascript">
            function move() {
                // 显示鼠标的滚动位置
                document.getElementById("y_axis").innerHTML = document.body.scrollTop;
            }
            window.onscroll = move;
        </script>
    </body>
</html>
```

运行结果如图 7-15 所示。

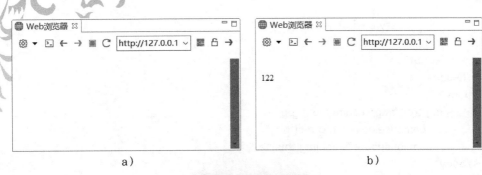

图 7-15　窗口滚动

a）初始页面　b）窗口滚动后

程序运行注意事项：该程序需要在模拟浏览器中运行。

7.4.2　鼠标事件

1. onmousemove、onmouseout 和 onmouseover 事件

onmouseover 事件在鼠标移动到对象范围上方时触发，需要注意的是在同一个区域中，无论怎样移动都只触发一次。onmouseout 事件在鼠标离开某对象范围时触发，同样，在同一个区域中，只触发一次事件。

【实战举例 example7-22.html】编写代码实现鼠标放上去图片变大，鼠标离开后图片缩小。

```html
<html>
  <head>
      <title> 鼠标悬停和离开 </title>
      <meta charset="UTF-8">

      <style type="text/css">
          img {
              height: 240px;
              width: 320px;
              padding: 5px;
              border: 1px solid gainsboro;
          }
      </style>
      <script type="text/javascript">
          // 大图模式
          function bigImg(x) {
              x.style.height = "360px";
              x.style.width = "480px";
          }
          // 小图模式
          function smallImg(x) {
              x.style.height = "240px";
```

```
                        x.style.width = "320px";
                    }
                </script>
            </head>
            <body>
                <img src="img/readmoment.jpg"
                    onmousemove="bigImg(this)"
                    onmouseout="smallImg(this)">
            </body>
        </html>
```

运行结果如图 7-16 所示。

a)

b)

图 7-16　图片缩放

a）初始页面／鼠标离开效果　b）鼠标悬停图片变大

2. onmouseup 和 onmousedown

onmouseup 事件在鼠标松开时触发，onmousedown 事件在鼠标按键按下时触发。

【实战举例 example7-23.html】编写代码实现鼠标按键按下时图片变大，鼠标按键松开时图片缩小。

仅修改例 7-22 页面元素事件属性代码如下：

```
<img src="img/readmoment.jpg"
    onmousedown="bigImg(this)"
    onmouseup="smallImg(this)">
```

7.5　定时器与动画

7.5.1　定时器

JavaScript 的定时事件允许以指定的时间间隔执行代码，称为定时事件（Timing Events）。涉及的主要方法见表 7-5。

表7-5 定时事件方法

方 法 名	说 明
setTimeout()	window.setTimeout(function, milliseconds)，在等待指定的毫秒数后执行函数。参数 function 是待执行的函数，参数 milliseconds 是执行函数之前等待的时间，以 ms 为单位
clearTimeout()	window.clearTimeout(timeoutVariable)，停止执行 setTimeout() 中规定的函数。参数 timeoutVariable 是 setTimeout() 的函数对象
setInterval()	window.setInterval(function, milliseconds)，在每个给定的时间间隔重复给定的函数。参数 function 是待执行的给定函数，参数 milliseconds 是函数执行之间的时间间隔，以 ms 为单位
clearInterval()	window.clearInterval(timerVariable)，停止 setInterval() 方法中指定的函数的执行。参数 timerVariable 是 setInterval() 的函数对象

【实战举例 example7-24.html】编写一个简单程序演示定时器的用法，单击"1 秒后提示 Hello"按钮经过 1s 弹出图 7-17a 所示的对话框，单击"启动时钟"按钮开始以 1s 的间隔计时，单击"停止计时"按钮停止计时。

```html
<html>
    <head>
        <meta charset="UTF-8">
        <title> 定时器 </title>
        <script type="text/javascript">
            // 函数定义一定要放在 ready 方法之外，否则找不到函数
            function myFunction() {
                alert('Hello');
            }
            // 定时函数
            function myTimer() {
                var d = new Date();
                document.getElementById("demo").innerHTML = " 当前时间 : " +d.toLocaleTimeString();
            }
        </script>
    </head>
    <body>
        <p id="demo"> 时间显示 </p>
        <!-- 设置仅启动一次的定时器 -->
        <button onclick="setTimeout(myFunction, 1000);">
            1 秒后提示 Hello</button>
        <!-- 设置定时器 -->
        <button onclick="myVar = setInterval(myTimer, 1000)">
            启动时钟 </button>
        <!-- 清除定时器 -->
        <button onclick="clearTimeout(myVar)">
            停止时钟 </button>
    </body>
</html>
```

运行结果如图 7-17 所示。

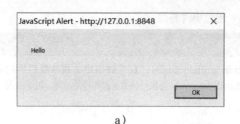

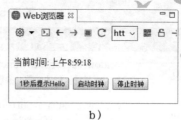

a）   b）

图7-17 定时器

a）1s后计时提示 b）启动 / 停止计时

7.5.2 动画

将 CSS3 与动画相关的属性用定时器控制，用 JavaScript 事件控制定时器的启动与停止，能够实现网页动画的效果。创建步骤如下：

1）创建动画容器，所有动画都应该与容器元素关联。

2）为元素添加与动画相关的样式，如起始样式。

3）编写定时器函数，控制动画（元素样式变化）过程。

4）为元素编写事件，控制动画的启动与停止。

【实战举例 example7-25. html】编写一个小盒子沿对角线运动到大盒子右下角的程序。

```html
<html>
    <head>
        <meta charset="UTF-8">
        <title></title>
        <style type="text/css">
            /* 设置容器大小、背景颜色与定位属性 */
            #container {
                width: 400px;
                height: 400px;
                position: relative;
                background: yellow;
            }
            /* 设置动画元素大小、背景颜色与定位属性 */
            #animate {
                width: 50px;
                height: 50px;
                position: absolute;
                background-color: red;
            }
        </style>
    </head>
    <body>
        <p>
            <button onclick="myMove()"> 单击启动动画 </button>
        </p>
```

```
<div id="container">
    <div id="animate"></div>
</div>
<script>
    function myMove() {
        // 获取动画元素
        var elem = document.getElementById("animate");
        // 设置动画起始位置和动画时间间隔
        var pos = 0;
        var id = setInterval(frame, 5);
        // 动画函数
        function frame() {
            // 设置动画终止条件
            if(pos == 350) {
                clearInterval(id);
            } else {
                pos++;
                elem.style.top = pos + "px";
                elem.style.left = pos + "px";
            }
        }
    }
</script>
</body>
</html>
```

运行结果如图 7-18 所示。

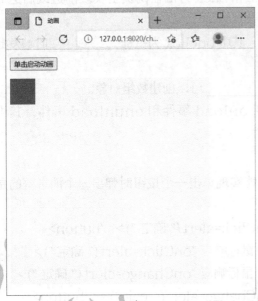
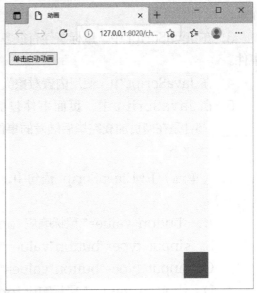

图 7-18　基于定时器的动画

a）页面初始效果　b）动画结束

195

单元总结

本单元介绍 JavaScript 对象模型与事件，主要知识点如图 7-19 所示。

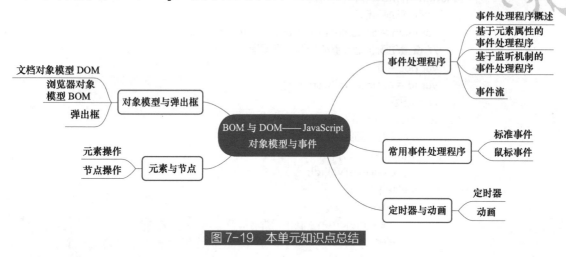

图 7-19　本单元知识点总结

习　题

一、填空题

1. 采用_____驱动是 JavaScript 语言的一个最基本的特征。

2. 使用 history 对象的_____方法和 back 方法在网页上实现前进或后退的作用。

3. 在 JavaScript 中，鼠标事件有很多，其中 onclick 为鼠标_____时触发此事件。

4. 在 JavaScript 中，使用内置对象类_____可以创建数组对象。

5. 在 JavaScript 中，页面事件包括 onload 事件和 onunload 事件，其中_____事件是在网页加载完毕后触发的事件。

二、选择题

1.（单选）下列 JavaScript 语句中，能实现单击一个按钮时弹出一个消息框的是（　　）。

    A. <button value=" 鼠标响应 "onClick=alert(" 确定 ")></button>

    B. <input type="button"value=" 鼠标响应 "onClick=alert(" 确定 ")>

    C. <input type="button"value=" 鼠标响应 "onChange=alert(" 确定 ")>

    D. <button value=" 鼠标响应 "onChange=alert(" 确定 ")></button>

2.（多选）在 DOM 文档的树形结构中，下列属于文档对象节点的有哪些？（　　　　）

    A. html   B. head   C. body   D. DOM

3.（单选）在JavaScript中，下列（　　　）语句能正确获取系统当前时间的小时值。

A. var date=new date();　var hour=date.getHour();

B. var date=new Date();　var hour=date.gethours();

C. var date=new date();　var hour=date.getHours();

D. var date=new Date();　var hour=date.getHours();

4.（单选）下列选项中，（　　）不是网页中的事件。

A. onclick　　　　　　　　　　　B. onmouseover

C. onsubmit　　　　　　　　　　D. onpressbutton

拓展实训

运用节点导航、元素属性操作和事件处理知识设计一个表格查询程序，将查询到的记录的背景色修改为红色。程序运行结果如图 7-20 所示。

a）　　　　　　　　　　　　　　　　　　b）

图 7-20　表格查询

a）初始显示　b）查询 lisi 结果

单元 8

网页常见效果 ——jQuery库 ■■■■■■■■■■■

学习目标

1．知识目标

（1）了解 jQuery 库；

（2）掌握 jQuery 选择器；

（3）掌握 jQuery 中事件和动画功能的使用方法；

（4）掌握 AJAX 技术，实现异步刷新，异步获取数据的使用方法。

2．能力目标

（1）能熟练使用 jQuery 选择器、jQuery 中的 DOM 操作、jQuery 事件和动画开发交互效果页面；

（2）能熟练使用 AJAX 中的 XML、JSON 数据格式与网站后端进行数据交互。

3．素质目标

（1）具有质量意识、安全意识、工匠精神和创新思维；

（2）具有集体意识和团队合作精神；

（3）具有界面设计审美和人文素养；

（4）熟悉软件开发流程和规范，具有良好的编程习惯。

jQuery 是一个轻量级的、兼容多浏览器的 JavaScript 库。jQuery 使用户能够更方便地处理 HTML Document、Events、实现动画效果、方便地进行 AJAX 交互，能够极大地简化 JavaScript 编程。它的宗旨是："Write less, do more（写得少，做得多）"。本单元就 jQuery 框架、选择器、常见效果、常见动画、AJAX 等基础知识展开讲述。

8.1 jQuery 介绍

扫码看视频

8.1.1 jQuery 的优势

1）一款轻量级的 JavaScript 框架。jQuery 核心 JavaScript 文件才几十 KB，不会影响页面加载速度。

2) 丰富的 DOM 选择器。jQuery 的选择器用起来很方便，比如要找到某个 DOM 对象的相邻元素，JavaScript 可能要写好几行代码，而 jQuery 一行代码就可以实现了，再比如要将一个表格的隔行变色，jQuery 也是一行代码就实现。

3）链式表达式。jQuery 的链式操作可以把多个操作写在一行代码里，更加简洁。

4）事件、样式、动画支持。jQuery 简化了 JavaScript 操作 CSS 的代码，并且代码的可读性也比 JavaScript 要强。

5）AJAX 操作支持。jQuery 简化了 AJAX 操作，后端只需返回一个 JSON 格式的字符串就能完成与前端的通信。

6）跨浏览器兼容。jQuery 基本兼容了现在主流的浏览器，不用再为浏览器的兼容问题而伤透脑筋。

7）插件扩展开发。jQuery 有着丰富的第三方插件，例如树形菜单、日期控件、图片切换插件、弹出窗口等，基本前端页面上的组件都有对应插件，并且用 jQuery 插件做出来的效果很炫，还可以根据自己的需要去改写和封装插件，简单实用。

8）完善的文档。无论是英文还是中文，jQuery 的文档都非常丰富。

8.1.2　jQuery 安装

可以通过多种方法在网页中添加 jQuery。一般使用以下两种方法：

1）从 jquery.com 下载 jQuery 库。

2）从 CDN 中载入 jQuery，如从 Google 中加载 jQuery。

本书采用下载 jQuery 库，然后引用。

1. 下载 jQuery

有两个版本的 jQuery 可供下载：

1）Production version—— 用于实际的网站中，已被精简和压缩。

2）Development version—— 用于测试和开发（未压缩，是可读的代码）

以上两个版本都可以从 https://jquery.com/download/ 中下载。打开 jQuery 网站，如图 8-1 所示。

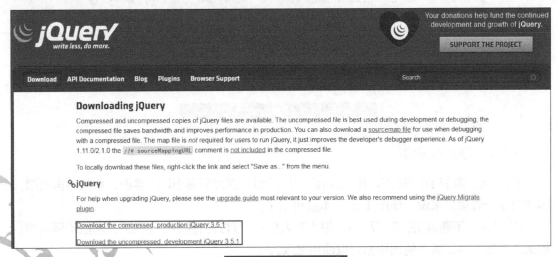

图 8-1　jQuery 网站

选择其中一个版本进行下载。

2. jQuery 引用

jQuery 库是一个 JavaScript 文件，不需要安装，解压后，可以使用 HTML 的 <script> 标签引用它：

```
<head><script src=" js/jquery-3.4.1.js" ></script></head>
```

提示： 引用 jQuery 时，注意文件目录，比如放在网页的同一目录下或者新建 JS 文件夹，为了方便使用，一般建议使用相对路径。

【实战举例 example8-1.html】可以使用以下代码测试是否引用成功。

```html
<!DOCTYPE html>
<html>
<head>
    <meta charset="UTF-8">
    <title>jQuery 引入测试 </title>
    <script src="js/jquery-3.4.1.js"></script>
</head>
<body>
    <script>
        $(document).ready(function(){
         alert(" 成功引入 jQuery");
        });
    </script>
</body>
</html>
```

运行结果如图 8-2 所示。

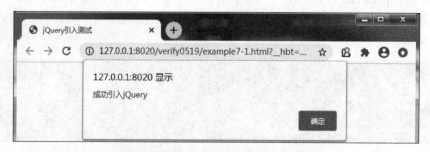

图 8-2 测试 jQuery 是否引用成功

8.1.3 jQuery 版本

1）1.x：兼容 IE 6、7、8，使用最为广泛的，官方只做 BUG 维护，功能不再新增。因此对于一般项目来说，使用 1.x 版本就可以了。

2）2.x：不兼容 IE 6、7、8，很少有人使用，官方只做 BUG 维护，功能不再新增。如果不考虑兼容低版本的浏览器可以使用 2.x。

3）3.x：不兼容 IE 6、7、8，只支持最新的浏览器。需要注意的是很多老的 jQuery

插件不支持 3.x 版。目前该版本是官方主要更新维护的版本。

8.1.4　jQuery 对象

jQuery 对象就是通过 jQuery 包装 DOM 对象后产生的对象。jQuery 对象是 jQuery 独有的。如果一个对象是 jQuery 对象，它就可以使用 jQuery 里的方法：例如 $("#i1").html()。

$("#i1").html() 的意思是：获取 ID 值为 i1 的元素的 html 代码。其中 html() 是 jQuery 里的方法。相当于：

```
document.getElementById("i1").innerHTML;
```

虽然 jQuery 对象是包装 DOM 对象后产生的，但是 jQuery 对象无法使用 DOM 对象的任何方法，同理 DOM 对象也不能使用 jQuery 里的方法。

在声明 jQuery 对象变量的时候需在变量名前面加上 $：

```
var $variable = jQuery 对象
var variable = DOM 对象
$variable[0]//jQuery 对象转成 DOM 对象
```

以上面那个例子举例，jQuery 对象和 DOM 对象的使用：

```
$("#i1").html();//jQuery 对象可以使用 jQuery 的方法
$("#i1")[0].innerHTML;//DOM 对象使用 DOM 的方法
```

8.1.5　jQuery 基础语法

jQuery 语法是通过选取 HTML 元素，并对选取的元素执行某些操作，由以下部分组成：

$(selector).action()

1）美元符号 $：定义 jQuery。

2）选择符（selector）：也称为选择器，在 jQuery 中，事件处理、"查询"和"操作"HTML 元素都需要用到选择器。选择器其实就是找到页面元素。

3）action（）：执行对元素的操作。

举例如下：

$(this).hide()：隐藏当前元素。

$("p").hide()：隐藏所有 <p> 元素。

$("p.test").hide()：隐藏所有 class="test" 的 <p> 元素。

$("#test").hide()：隐藏所有 id="test" 的元素。

jQuery 入口函数如下：

```
$(document).Ready（function（）{
// 执行代码
})
```

或者：

```
$(function(){
});
```

JavaScript 入口函数如下：

```
Windows.onload=function(){
// 执行代码
}
```

注意:

1) jQuery 的入口函数是在 HTML 所有标签(DOM)都加载之后再执行的。

2) JavaScript 的 window. onload 事件是等所有内容(包括外部图片之类的文件)加载完之后才会执行的。

8.2 jQuery 选择器

从上面的举例中可以看出,jQuery 选择器相对于 JavaScript 类库中的选择函数写法要简单得多。比如通过 ID 获取 HTML 元素可以用 $("#id") 代替 document. getElementById(); 通过类别获取 HTML 元素可以用 $(".className") 代替 document. getElementsByClassName() 等。

选择器的写法是 $(" "),其实是一个工厂函数,$ 是函数名称,后面传递的是一个参数。称为工厂函数是因为通过函数可以返回选择器对象,能够生产对象。传入的参数不同,可以产生不同的选择器。jQuery 选择器分为基本选择器、层次选择器、过滤选择器、表单选择器。

8.2.1 基本选择器

jQuery 选择器中使用最多的为基本选择器,它由元素 ID、类、标签名(元素名)、多个标签等组成,见表 8-1。

表 8-1 基本选择器

选 择 器	用 法	描 述	举 例
ID 选择器	$("#id");	获取指定 ID 的元素	$("#name") 选取 ID 为 name 的元素
类选择器	$(".class");	获取同一类 class 的元素	$(".student") 选取所有 class 为 student 的元素
标签选择器	$("element");	获取同一类标签的所有元素	$("p") 选取所有 <p> 元素
* 选择器	$("*");	获取所有元素	$("*") 选取所有元素
并集选择器	$("element1, element2, element3");	使用逗号分隔,只要符合条件之一就可以	$("div, p, li") 选取所有 <div><p><li> 元素
交集选择器	$("element. class");	中间不能有空格,满足 class 类的元素	$("div. redClass") 获取 class 为 redClass 的 div 元素

【实战举例 example8-2. html】用户登录信息验证(取值为虚拟值)。

```
<!DOCTYPE html>
<html>
<head>
    <meta charset="UTF-8">
    <script src="js/jquery-3.4.1.js"></script>
    <title> 用户登录 </title>
```

```
    </head>
    <body>
        <table align="center" width="300" border="1" cellpadding="0" cellspacing="0">
            <caption align="center">
                    <h2> 用户登录 </h2>
            </caption>
        <form action=" " method="POST">
            <tr>
                <th> 账号: </th>
                <td><input type="text" name="username" id="username" placeholder=" 请输入账号 "
autofocus="autofocus"/></td>
            </tr>
            <tr>
                <th> 密码: </th>
                <td><input type="password" name="password" id="password" placeholder=" 请输入
密码 "></td>
            </tr>
            <tr><!-- 定义登录和重置按钮 -->
                <td colspan="2" align="center">
                    <input type="button" name="submit" id="submit" value=" 登录 " onclick="validate()" >
                    <input type="button" name="reset" id="reset" value=" 重置 " onclick="cleartext()">
                </td>
            </tr>
        </form>
    </table>
</body>
</html>
<script type="text/javascript">
    function validate()
    {
        var username= $("#username").val();//ID 选择器
        var password= $("#password").val();//ID 选择器
        if(username=="www")
        {
        if(password=="12345")
        {
            // 在正式的前端页面中, 此处可以实现登录跳转
            alert("您输入的用户名和密码正确");}
        else
        {
            alert("您输入的密码有误, 请重新输入");
            $("#password").focus();
        }
        }
        else
        {
        alert("您输入的账号不存在");
```

扫码看视频

203

```
                $("#username").focus();
            }
        }
        function cleartext()
        {

            $("#username").val(' ').focus();
            $("#password").val(' ');
        }
</script>
```

运行结果：可以根据不同取值观察不同结果，ID 选择器应用如图 8-3 所示。

图 8-3　ID 选择器应用

扫码看视频

8.2.2　层级选择器

通过 DOM 元素间的层级关系来获取元素，主要层级关系包括后代元素选择器、子元素选择器、相邻兄弟元素选择器、兄弟元素选择器，见表 8-2。

表 8-2　层级选择器

选 择 器	用 法	描 述	举 例
后代元素选择器	$("ancestor descendant");	在给定的祖先元素下，匹配所有的后代元素	$("div span") 选取 <div> 里的所有 <span> 元素
子元素选择器	$("parent > child");	在给定的父元素下匹配所有的子元素	$("div>span") 选取 <div> 元素下元素名是 <span> 的子元素
相邻兄弟元素选择器	$("prev+next");	选取紧接在 prev 元素后的 next 元素（同一层级）	$(".one+div") 选取 class 为 one 的下一个 div 元素
兄弟元素选择器	$("prev~siblings");	选取 prev 元素之后的所有 siblings 元素（同一层级）	$("#two~div") 选取 ID 为 two 的元素后面的所有 <div> 兄弟元素

四类层级关系的含义详见单元 4，此处不再赘述。

1. 后代元素选择器

【实战举例 example8-3.html】应用后代选择器，请注意观察被选中对象。

```html
<!DOCTYPE html>
<html>
<head>
    <meta charset="UTF-8">
    <script src="js/jquery-3.4.1.js"></script>
    <title> 后代元素选择器 </title>
 </head>
<body>
    <h2> 后代元素选择器 </h2>
    <div>
        <div>
            <h4>div 下的h4 元素 </h4>
        </div>
        <div>
            <h4> 另一个 div 下的h4 元素 </h4>
        </div>
    </div>
    <div>
        <div>
            <a href="#">
                <h4>div 下的 p 下的h4 元素 </h4>
            </a>
        </div>
        <div>
            <a  href="#">
                <h4> 另一个 div 下的 p 下的h4 元素 </h4>
            </a>
        </div>
    </div>
    <script type="text/javascript">
        // 后代元素选择器
        $('div  h4').css("border", "1px groove red");
    </script>
</body>
</html>
```

运行结果如图 8-4 所示。

说明： 从运行结果可以看出，只要是后代，均被选中。

2．子元素选择器

修改上述 <script> 代码如下：

```html
<script type="text/javascript">

        // 子选择器

    // 选择所有 div 元素里面的子元素 h4

    $('div > h4').css("border", "1px groove red");

</script>
```

运行结果如图 8-5 所示。

说明： 从运行结果可以看出，只选择了 div 后的子元素 h4。

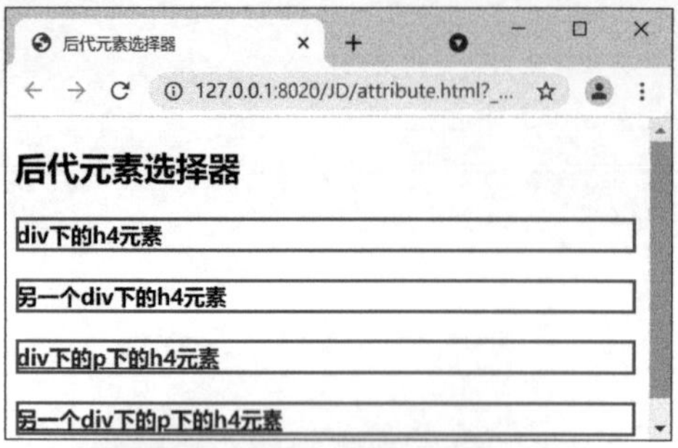

图 8-4　后代元素选择器应用

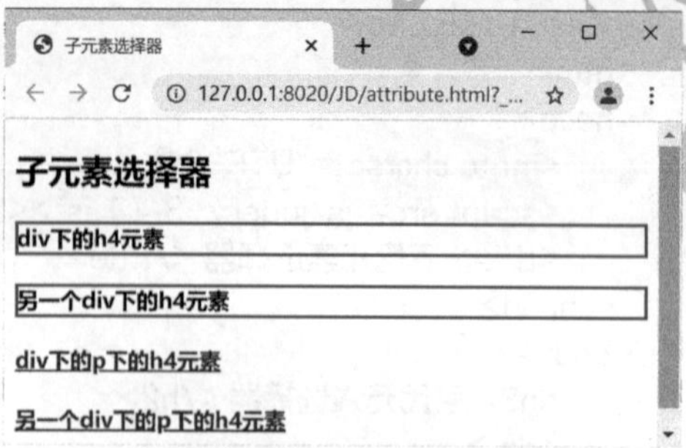

图 8-5　子元素选择器应用

3．相邻兄弟元素选择器

【实战举例 example8-4. html】相邻兄弟元素选择器。

```html
<!DOCTYPE html>
<html>
<head>
    <meta charset="UTF-8">
    <script src="js/jquery-3.4.1.js"></script>
    <title> 相邻兄弟元素选择器 </title>
 </head>
<body>
    <h2> 相邻兄弟元素选择器与一般兄弟元素选择器 </h2>

    <div>
        <div> 第一个子 div</div>
        <span class="prev"> 选择器 span 元素 </span>
        <div>span 后第一个相邻兄弟节点 div</div>
        <div> 与 span 是兄弟，但不是相邻的兄弟节点 div
            <div class="small"> 子元素 div</div>
        </div>
        <span> 又一个兄弟节点 span, 不可选 </span>
        <div> 又一个兄弟节点 div</div>
    </div>
    <script type="text/javascript">
        // 相邻兄弟元素选择器
        // 选取 prev 后面的第一个 div 兄弟节点
        $('.prev + div').css("border", "3px groove blue");
    </script>
</body>
</html>
```

运行结果如图 8-6 所示。

说明：仅 span 之后的第一个兄弟节点 div 被选中。

4．兄弟元素选择器

修改上述 `<script>` 代码如下：

```
<script type="text/javascript">
    // 一般相邻选择器
```

```
// 选取 prev 后面的所有的 div 兄弟节点
$('.prev ~ div').css("border", "3px groove blue");
</script>
```

运行结果如图 8-7 所示。

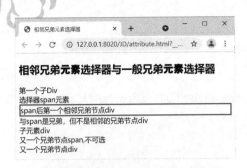

图 8-6　相邻兄弟元素选择器应用

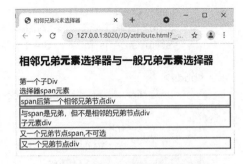

图 8-7　兄弟元素选择器应用

8.2.3　过滤选择器

过滤选择器是根据某类过滤规则进行元素的匹配，书写时都以 (:) 开头，过滤选择器主要有简单过滤选择器、内容过滤选择器、可见性过滤选择器、属性过滤选择器、子元素过滤选择器、表单对象属性过滤选择器。

1．简单过滤选择器

简单过滤选择器是使用最广泛的一种，见表 8-3。

表 8-3　常用简单过滤选择器

选择器	描　述	返　回	示　例
:first	选取第 1 个元素	单个元素	$("div:first") 选取所有 \<div\> 元素中的第 1 个 \<div\> 元素
:last	选取最后一个元素	单个元素	$("div:last") 选取所有 \<div\> 元素中的最后一个 \<div\> 元素
:not(selector)	去除所有与给定选择器匹配的元素	集合元素	$("input:not(.myClass)") 选取 class 不是 myClass 的 \<input\> 元素
:even	选取索引是偶数的所有元素，索引从 0 开始	集合元素	$("input:even") 选取索引是偶数的 \<input\> 元素
:odd	选取索引是奇数的所有元素，索引从 0 开始	集合元素	$("input:odd") 选取索引是奇数的 \<input\> 元素
:eq(index)	选取索引等于 index 的元素（index 从 0 开始）	单个元素	$("input:eq(1)") 选取索引等于 1 的 \<input\> 元素
:gt(index)	选取索引大于 index 的元素（index 从 0 开始）	集合元素	$("input:gt(1)") 选取索引大于 1 的 \<input\> 元素（注：大于 1，而不包括 1）
:lt(index)	选取索引小于 index 的元素（index 从 0 开始）	集合元素	$("input:lt(1)") 选取索引小于 1 的 \<input\> 元素（注：小于 1，而不包括 1）
:header	选取所有的标题元素，例如 h1、h2、h3 等	集合元素	$(":header") 选取网页中所有的 \<h1\>、\<h2\>、\<h3\>……
:animated	选取当前正在执行动画的所有元素	集合元素	$("div:animated") 选取正在执行动画的 \<div\> 元素

【实战举例 example8-5.html】利用简单选择器实现表格隔行设置颜色。

```html
<!DOCTYPE html>
<html>
    <head>
        <meta charset="UTF-8">
        <title> 简单过滤选择器 </title>
        <script src="js/jquery-3.4.1.js"></script>
    </head>
    <body>
        <table align="center" border="2" bgcolor=white width="600" cellspacing="1" cellpadding="2">
            <thead>
                <tr>
                    <td colspan="3">
                        <center>
                            <h2> 平凡的世界 第一部 </h2>
                        </center>
                    </td>
                </tr>
            </thead>
            <tbody>
                <tr>
                    <td> 平凡的世界 第一部 第 1 章 </td>
                    <td> 平凡的世界 第一部 第 2 章 </td>
                    <td> 平凡的世界 第一部 第 3 章 </td>
                </tr>
                <tr>
                    <td> 平凡的世界 第一部 第 4 章 </td>
                    <td> 平凡的世界 第一部 第 5 章 </td>
                    <td> 平凡的世界 第一部 第 6 章 </td>
                </tr>
                <tr>
                    <td> 平凡的世界 第一部 第 7 章 </td>
                    <td> 平凡的世界 第一部 第 8 章 </td>
                    <td> 平凡的世界 第一部 第 9 章 </td>
                </tr>
                <tr>
                    <td> 平凡的世界 第一部 第 10 章 </td>
                    <td> 平凡的世界 第一部 第 11 章 </td>
                    <td> 平凡的世界 第一部 第 12 章 </td>
                </tr>
                <tr>
                    <td> 平凡的世界 第一部 第 13 章 </td>
                    <td> 平凡的世界 第一部 第 14 章 </td>
                    <td> 平凡的世界 第一部 第 15 章 </td>
                </tr>
                <tr>
                    <td> 平凡的世界 第一部 第 16 章 </td>
                    <td> 平凡的世界 第一部 第 17 章 </td>
```

扫码看视频

```
                <td> 平凡的世界 第一部 第 18 章 </td>
            </tr>
            <tr>
                <td> 平凡的世界 第一部 第 19 章 </td>
                <td> 平凡的世界 第一部 第 20 章 </td>
                <td> 平凡的世界 第一部 第 21 章 </td>
            </tr>
            <tr>
                <td> 平凡的世界 第一部 第 22 章 </td>
                <td> 平凡的世界 第一部 第 23 章 </td>
                <td> 平凡的世界 第一部 第 24 章 </td>
            </tr>
            <tr>
                <td> 平凡的世界 第一部 第 25 章 </td>
                <td> 平凡的世界 第一部 第 26 章 </td>
                <td> 平凡的世界 第一部 第 27 章 </td>
            </tr>
            <tr>
                <td> 平凡的世界 第一部 第 28 章 </td>
                <td> 平凡的世界 第一部 第 29 章 </td>
                <td> 平凡的世界 第一部 第 30 章 </td>
            </tr>
            <tr>
                <td> 平凡的世界 第一部 第 31 章 </td>
                <td> 平凡的世界 第一部 第 32 章 </td>
                <td> 平凡的世界 第一部 第 33 章 </td>
            </tr>
            <tr>
                <td> 平凡的世界 第一部 第 34 章 </td>
                <td> 平凡的世界 第一部 第 35 章 </td>
                <td> 平凡的世界 第一部 第 36 章 </td>
            </tr>
            <tr>
                <td> 平凡的世界 第一部 第 37 章 </td>
                <td> 平凡的世界 第一部 第 38 章 </td>
            </tr>
        </tbody>
        <tfoot>
            <tr>
                <td colspan="3">
                    <center>
                        <h4>
                            作者：路遥
                        </h4>
                    </center>
                </td>
            </tr>
        </tfoot>
    </table>
    <script type="text/javascript">
```

```
        $('tr:even').css("background-color","cadetblue");
        $('tr:first').css("background-color","white");
        $('tr:last').css("background-color","white");
    </script>
    </body>
<html>
```
运行结果如图8-8所示。

图8-8　简单过滤选择器应用

2. 内容过滤选择器

简单过滤选择器针对的都是DOM节点，如果要通过内容来过滤，jQuery也提供了一组内容过滤选择器，其规则主要体现在它所包含的子元素或者文本内容上，见表8-4。

表8-4　内容过滤选择器

选择器	描述	返回	示例
:contains(text)	选取含有文本内容为"text"的元素	集合元素	$("div:contains('我')")选取含有文本"我"的 \<div\> 元素
:empty	选取不包含子元素或者文本的空元素	集合元素	$("div:empty")选取不包含子元素（包括文本元素）的 \<div\> 空元素
:has(selector)	选取含有选择器所匹配的元素的元素	集合元素	$("div:has(p)")选取含有 \<p\> 元素的 \<div\> 元素
:parent	选取含有子元素或者文本的元素	集合元素	$("div:parent")选取拥有子元素（包括文本元素）的 \<div\> 元素

修改上述 \<script\> 代码如下：实现包含"作者"内容的单元格设计不同的样式。

```
<script type="text/javascript">
    // 内容包含"作者"的 td
    $("td:contains(' 作者 ')").css("background-color","orange");
    // 不包含文本的 td
```

```
$("td:empty").css("background-color", "red");
</script>
```
运行结果如图 8-9 所示。

图 8-9　内容选择过滤器应用

3. 可见性过滤选择器

元素有显示状态与隐藏状态，jQuery根据元素的状态扩展了可见性过滤选择器 :visible 与 :hidden，见表 8-5。

表 8-5　可见性过滤选择器

选 择 器	描　　述	返　回	示　　例
:hidden	选取所有不可见的元素	集合元素	$(":hidden") 选取所有不可见的元素。包括 \<input type="hidden"\>、\<div style="display:none;"\> 和 \<div style="visibility:hidden;"\> 等元素。如果只想选取 \<input\> 元素，则可以使用 $("input:hidden")
:visible	选取所有可见的元素	集合元素	$("div:visible") 选取所有可见的 \<div\> 元素

【实战举例 example8-6. html】实现所有元素的 CSS 样式，原来隐藏的内容，单击一级菜单时显示。

```
<!DOCTYPE html>
<html>
<head>
    <meta charset="UTF-8">
    <title> 常见可见性过滤选择器 </title>
    <script src="js/jquery-3.4.1.js" type="text/javascript"></script>
    <style type="text/css">
        ul{
```

扫码看视频

```
                display:none; /* 列表初始显示设置为不显示 */
            }
        </style>
        <script type="text/javascript">
            $(function(){
                $("h3").click(function(){// 单击一级菜单
                    if ($(this).next('ul').is(":hidden")) {
                        $(this).next('ul').slideDown();// 如果一级菜单下的二级菜单隐藏，则打开
                    } else {
                     $(this).next('ul').slideUp();// 如果一级菜单下的二级菜单打开，则关闭
                    }
                })
            })
        </script>
    </head>
    <body>
    <div>
        <div>
            <h3> 手机品牌 </h3>
            <ul>
                <li> 苹果 </li>
                <li> 华为 </li>
                <li>vivo</li>
            </ul>
            <h3> 计算机品牌 </h3>
            <ul>
                <li> 苹果 </li>
                <li> 联想 </li>
                <li> 戴尔 </li>
                <li> 东芝 </li>
            </ul>
            <h3> 销量排行 </h3>
            <ul>
                <li>vivo</li>
                <li> 苹果 </li>
                <li> 华为 </li>
            </ul>
        </div>
    </div>
    </body>
</html>
```

运行结果如图 8-10 所示。

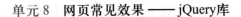

图 8-10　可见性过滤选择器应用

a）可见性过滤选择器的初始页面　b）单击一级菜单后的显示结果

4. 属性过滤选择器

属性过滤选择器可以基于属性来定位一个元素，可以只指定元素的某个属性。这样，所有使用该属性的元素都将被定位，也可以通过指定属性值，更加明确地定位特定元素，见表 8-6。

表 8-6　属性过滤选择器

选 择 器	描 述	返 回	示 例
[attribute]	选取拥有此属性的元素	集合元素	$("div[id]")选取拥有属性 ID 的元素
[attribute=value]	选取属性的值为 value 的元素	集合元素	$("div[title=test]")选取属性 title 为 "test" 的 <div> 元素
[attribute！=value]	选取属性的值不等于 value 的元素	集合元素	$("div[title！=test]")选取属性 title 不等于 "test" 的 <div> 元素（注意：没有属性 title 的 <div> 元素也会被选取）
[Attribute^=value]	选取属性的值以 value 开始的元素	集合元素	$("div[title^=test]")选取属性 title 以 "test" 开始的 <div> 元素
[attribute$=value]	选取属性的值以 value 结束的元素	集合元素	$("div[title$=test]")选取属性 title 以 "test" 结束的 <div> 元素
[attribute*=value]	选取属性的值含有 value 的元素	集合元素	$("div[title*=test]")选取属性 title 含有 "test" 的 <div> 元素
[Selector1] [Selector2] [SelectorN]	用属性选择器合并成一个复合属性选择器，满足多个条件。每选择一次，缩小一次范围	集合元素	$("div[id] [title$='test']")选取拥有属性 ID，并且属性 title 以 "test" 结束的 <div> 元素

【实战举例 example8-7.html】应用 jQuery 属性过滤选择器。

```
<!DOCTYPE html>
<html>
    <head>
        <meta charset="UTF-8">
        <title>jQuery 属性过滤选择器 </title>
        <script src="js/jquery-3.4.1.js"></script>
```

扫码看视频

```
    </head>
    <body>
        <div title="top" desc="第一行"> 第一行 </div>
        <div title="menu"> 第二行 </div>
        <div> 第三行 </div>
        <div title="bottom" desc="第四行"> 第四行 </div>
        <div title="advbottom"> 第五行 </div>

        <script type="text/javascript">
            $(function(){
                // 具有 title 属性的 div
                $("div[title]").css({width:"300px",height:"30px",margin:"3px"});
                //title 属性值为 menu 的 div
                $("div[title=menu]").css("border","2px solid red");
                //title 属性值不为 menu 的 div
                $("div[title!=menu]").css({backgroundColor:"pink"});
                //title 属性值以 bottom 结尾的 div
                $("div[title$=bottom]").css("padding-left","50px");
                //title 属性值包含 o 的 div
                $("div[title*=o]").css("font-style","italic");
                //title 属性值包含 o 且含有 desc 属性的 div
                $("div[title*=o][desc]").css("font-weight","800");
            });
        </script>
    </body>
</html>
```

运行结果如图 8-11 所示。

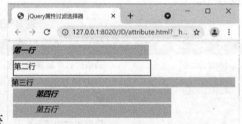

图 8-11 属性过滤选择器应用

5．子元素过滤选择器

jQuery 中可以通过子元素过滤选择器轻松获取所有父元素中指定的某个元素，见表 8-7。

表 8-7 子元素过滤选择器

选 择 器	描 述	返 回	示 例
:nth-child(index/ even/ odd/equation)	选取每个父元素下的第 index 个子元素或者奇偶元素（index 从 1 算起）	集合元素	:eq（index）只匹配一个元素，而 :nth-child 将为每一个父元素匹配子元素，并且 :nth-child（index）的 index 是从 1 开始的，而 : eq（index）是从 0 算起的
:first-child	选取每个父元素的第 1 个子元素	集合元素	:first 只返回单个元素，而：fist-child 选择符将为每个元素匹配第 1 个子元素 例如 $（"ul li: first-child"）；选取每个 <ul> 中的第 1 个 <li> 元素
:last-child	选取每个父元素的最后一个子元素	集合元素	同样，： last 只返回单个元素，而：last-child 选择符将为每个父元素匹配最后一个子元素。例如 $（"ul li:last-child"）；选择每个 <ul> 中的最后一个 <li> 元素
:only-child	如果某个元素是它父元素中唯一的子元素，那么将会被匹配。如果父元素中含有其他元素，则不会被匹配	集合元素	$（"ul li:only-child"）在 <ul> 中选取是唯一子元素的 <li> 元素

【实战举例 example8-8. html】子元素过滤选择器。

```
<!DOCTYPE html>
<html>
    <head>
        <meta charset="UTF-8">
        <title>jQuery 子元素过滤选择器 </title>
        <script src="js/jquery-3.4.1.js"></script>
    </head>
<body>
    <ul>
        <li> 第一个列表项 </li>
        <li> 第二个列表项 </li>
        <li> 第三个列表项 </li>
        <li> 第四个列表项 </li>
        <li> 第五个列表项 </li>
    </ul>
    <div style="height:50px;background:yellowgreen;">
        <span>span 是 div 的唯一一个子元素 </span>
    </div>
    <script type="text/javascript">
     $(function (){
        $('li:first-child').css('color','red');// 第一个列表项
        $('i:last-child').css('color','deeppink');// 最后一个列表项
        $('span:only-child').css('background','green');// 唯一一个子元素
        $('li:nth-child(2)').css('color','orange');// 第二个列表项
        $('li:nth-child(2n)').css('font-size','25px');// 第二、四个列表项
        $('li:nth-child(3n+1)').css('font-family',' 华文行楷 ');// 第一、四个列表项
        $('li:nth-child(odd)').css('background','wheat');// 列表的偶数项
        $('li:nth-child(even)').css('background','#ccc');// 列表的奇数项
     });
    </script>
</body>
</html>
```

运行结果如图 8-12 所示。

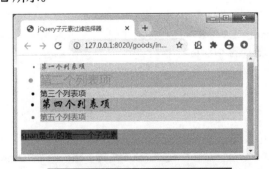

图 8-12　子元素过滤选择器应用

6. 表单属性过滤选择器

jQuery 提供了四种表单属性过滤选择器, 通过是否可以用、是否选定来进行表单字段

的筛选过滤，见表8-8。

表8-8　表单属性过滤选择器

选择器	描述	返回	示例
:enabled	选取所有可用元素	集合元素	$("#form1：enabled")；选取 ID 为 form1 的表单内的所有可用元素
:disabled	选取所有不可用元素	集合元素	$("#form1:disabled") 选取 ID 为 form1 的表单内的所有不可用元素
:checked	选取所有被选中的元素（单选框、复选框）	集合元素	$("input: checked")选取所有被选中的 \<input\> 元素
:selected	选取所有被选中的选项元素（下拉列表）	集合元素	$("select:selected") 选取所有被选中的选项元素

8.2.4　表单选择器

无论是提交还是传递数据，表单元素在动态交互页面中的作用是非常重要的。jQuery中专门加入了表单选择器，从而能够极其方便地获取到某个类型的表单元素，见表8-9。

表8-9　表单选择器

名称	说明	解释
:input	匹配所有 input、textarea、select 和 button 元素	查找所有的 input 元素 :$(":input")
:text	匹配所有的文本框	查找所有文本框 :$(":text")
:password	匹配所有密码框	查找所有密码框 :$(":password")
:radio	匹配所有单选按钮	查找所有单选按钮 $(": radio")
:checkbox	匹配所有复选框	查找所有复选框 :$(":checkbox")
:submit	匹配所有提交按钮	查找所有提交按钮 :$(":submit")
:image	匹配所有图像域	匹配所有图像域 :$(":image")
:reset	匹配所有重置按钮	查找所有重置按钮 :$(":reset")
:button	匹配所有按钮	查找所有按钮 :$(":button")
:file	匹配所有文件域	查找所有文件域 :$(":file")

【实战举例 example8-9. html】表单选择器。

```
<!DOCTYPE html>
<html>
    <head>
        <meta charset="UTF-8">
        <title> 表单选择器 </title>
        <script src="js/jquery-3.4.1.js"></script>
    </head>
<body>
    <form>
        <label> 性别：    </label>
        <input type="radio" name="sex" value=" 男 " checked="checked"> 男
        <input type="radio" name="sex" value=" 女 "> 女
        <br />
        <label> 学历：    </label>
        <select name="edu" id="edu">
```

```
        <option value="1"> 高中 </option>
        <option value="2"> 大专 </option>
        <option value="3"> 本科 </option>
        <option value="4"> 研究生 </option>
        <option value="5"> 其他 </option>
    </select>
    <br />
    <label> 兴趣爱好：  </label>
    <input type="checkbox" name="" value="" checked="checked" /> 足球
    <input type="checkbox" name="" value="" /> 篮球
    <input type="checkbox" name="" value="" /> 乒乓球
</form>
<script type="text/javascript">
    // 获取所有 checked
    var checkinput = $("input:checked");//input 元素被选中的
    var selectedinput = $(":selected");//selected 的
    console.log(checkinput);
    console.log(selectedinput);
    var checkinput = $(":checked"); // 将会把 select 也命中
    console.log(checkinput);
</script>
</body>
</html>
```

运行结果如图 8-13 所示。

开发者工具中的查看结果如图 8-14 所示。

图 8-13 表单选择器应用页面

图 8-14 开发者工具中的查看结果

8.3 jQuery 常见效果

8.3.1 选项卡效果

选项卡效果常见于购物网站对商品的分类介绍。即类似 Tab 功能，根据当前选择项显示相应的内容。

【实战举例 example8-10.html】选项卡效果实现。

```
<!DOCTYPE html>
<html>
<head>
```

```
<meta charset="UTF-8">
<title> 选项卡效果 </title>
<style type="text/css">
  ul,li{padding:0;margin:0;}
  /* 整个区域设置宽度 */
  .content{
      width:600px;
  }
  /* 描述部分设置一个边框属性 */
  .content #div0,#div1,#div2{
      border:2px solid pink;
  }

  #div0 ul,#div1 ul,#div2 ul{
      padding-left:50px;
      padding-top:10px;
      padding-bottom:10px;
  }
  /* 标题部分设置属性 */
  .content #ul1{
      list-style:none;
      overflow:hidden;
      height:38px;
      line-height:38px;
  }
  /* 标题部分列表项设置属性 */
  #ul1 li{
      width:180px;
      height:38px;
      line-height:38px;
      text-align:center;
      font-weight:bold;
      float:left;
  }
  /* 标题中的第一项设置属性 */
  .cur{
      background:red;
      color:white;
  }
</style>
<script type="text/JavaScript" src="js/jquery-3.4.1.js"></script>
<script type="text/JavaScript">
    $(function(){
        $("#ul1 li").each(function(index){
            //index 是每个 li 的索引下标
            $(this).mouseenter(function(){// 鼠标移动到某个列表项
                $("#div0,#div1,#div2").css('display','none');// 鼠标移动到某个列表项，所有 div 看不见
                //index 也是 div 的索引下标
                $("#div"+index).css('display','block');// 鼠标移动到某个列表项，选择的 div 看见
```

```
                $("#ul1 li").removeClass('cur');// 鼠标移动到某个列表项，将每个 li 的 cur 样式去掉
                $("#ul1 li:eq("+index+")").addClass('cur');// 鼠标移动到某个列表项，选中项添加 cur 样式
            });
        });
    })
</script>
</head>
<body>
  <div class="content">
        <ul id="ul1">
            <li class="cur"> 图书介绍 </li>
            <li> 规格与包装 </li>
            <li> 图书评价 </li>
        </ul>
        <div id="div0">
            <ul>
                <li> 书名： </li>
                <li> 作者： </li>
                <li> 书号： </li>
                <li> 出版社： </li>
            </ul>
        </div>
        <div id="div1" style="display:none;">
            <ul>
                <li> 包装清单： </li>
                <li> 售后保障： </li>
            </ul>
        </div>
        <div id="div2" style="display:none;">
            <ul>
                <li> 评价人： </li>
                <li> 评价内容： </li>
            </ul>
        </div>
    </div>
</body>
</html>
```

运行结果如图 8-15 所示。

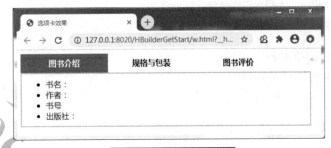

图 8-15　选项卡效果

8.3.2 菜单打开折叠效果

有时候网站需要设计一级导航与二级导航，通常情况显示一级导航，根据实际要将二级导航打开或者折叠，使用的方法即是使用 slidedown 和 slideup。这种效果，也就是通常所说的手风琴效果。

【实战举例 example8-11. html】菜单打开折叠效果实现。

扫码看视频

```
<!DOCTYPE html>
<html>
<head>
    <meta charset="UTF-8">
    <title> 菜单打开折叠 </title>
    <style type="text/css">
        ul,li{
            margin:0;
            padding:0;
            list-style:none;
        }
        h3{
            margin:0;/* 一级菜单 */
            cursor:pointer;
            height:40px;
            line-height:40px;
            border:1px solid #999;
            background-color:#abcdef;
            padding:0 20px;
        }
        a{
            text-decoration:none;/* 超链接无下划线 */
            color:#333;
        }
        /* 左侧导航区域样式设置开始 */
        .navlist{
            width:240px;   /* 左侧导航区域宽度为 240px*/
            margin-left:60px;
        }
        /* 左侧导航区域样式设置结束 */
        .navlist li{      /* 每个二级菜单样式设置 */
            height:38px;
            line-height:38px;
            padding:0 40px;
            border:1px solid #999;
        }
        .navlist ul{
            display:none; /* 列表初始显示设置为不显示 */
        }
    </style>
```

```html
<script src="js/jquery-3.4.1.js"></script>
<script>
    $(function(){
        // 绑定单击事件
        $(".navlist h3").click(function(){// 单击一级菜单
            if ($(this).next('ul').is(":hidden")) {
                $(this).next('ul').slideDown();// 如果一级菜单下的二级菜单隐藏，则打开
            } else {
                $(this).next('ul').slideUp();// 如果一级菜单下的二级菜单打开，则关闭
            }
        })
    })
</script>
</head>
<body>
    <h2> 左侧导航条 </h2>
    <hr>
    <div class="navlist">
        <h3> 经典文学 </h3>
        <ul>
            <li><a href="#"> 小说 </a></li>
            <li><a href="#"> 散文 </a></li>
            <li><a href="#"> 传记 </a></li>
        </ul>
        <h3> 儿童图书 </h3>
        <ul>
            <li><a href="#">0-2 岁 </a></li>
            <li><a href="#">3-6 岁 </a></li>
            <li><a href="#">7-11 岁 </a></li>
            <li><a href="#">11-13 岁 </a></li>
        </ul>
        <h3> 人文社科 </h3>
        <ul>
            <li><a href="#"> 历史 </a></li>
            <li><a href="#"> 政治 </a></li>
            <li><a href="#"> 军事 </a></li>
        </ul>
        <h3> 生活园地 </h3>
        <ul>
            <li><a href="#"> 育儿家教 </a></li>
            <li><a href="#"> 健康保健 </a></li>
        </ul>
    </div>
</body>
</html>
```

运行结果如图 8-16 所示。

图 8-16 菜单打开折叠效果

8.3.3　图片放大效果

图片放大效果，也称为放大镜效果，通常在购物类的电子商务网站出现。实现商品局部区域的放大清晰查看。

一般情况，实现图片放大可以使用一个图片放大镜插件 zoomsl。这是一款支持 6 种放大模式的 jQuery 图片放大镜插件。该图片放大镜支持 IE 8，内置 6 种炫酷的图片放大效果，可以满足各种网站的图片放大效果需求。

使用方法很简单，只需要在页面中做如下引用即可：

```
<script src="js/zoomsl.min.js"></script>
```

【实战举例 example8-12. html】一个商品图片的放大效果实现。

扫码看视频

```
<!DOCTYPE html>
<html>
<head>
    <meta charset="UTF-8">
    <script src="js/jquery-3.4.1.js" type="text/javascript"></script>
    <script src="js/zoomsl.min.js"></script>
    <script>
        $(function(){
            $('.demo').imagezoomsl({
                zoomrange: [3, 3]
            });
        })
    </script>
</head>
<body>
    <img class="demo" src="./img/thumb.jpg" data-large="./img/big.jpg" title=" ">
</body>
</html>
```

说明： 网页中的两个图片一张为正常尺寸大小的图片，另一张为大尺寸图片。

8.3.4　图片轮播效果

图片轮播主要实现一些网页中常见的广告图片自动轮转播放。

【实战举例 example8-13. html】图片轮播效果实现。

```
<!DOCTYPE html>
<html>
<head>
    <meta charset="UTF-8">
    <title>jQuery_ 图片轮转效果 </title>
    <style type="text/css">
        #imgcontent{ /* 轮播区域设置 */
            width:760px;
            height: 475px;
            position:relative;/* 轮播父盒子设置为相对定位 */
        }
```

```
#imgcontent div{
    border:1px solid orange;
    background:#f3f3f3;
    padding:1px 5px;
    position:absolute;/* 轮播图下方的数字子盒子设置为绝对定位 */
    bottom:8px;
    font-weight:bold;
}
</style>
<script type="text/JavaScript" src="./js/jquery-3.4.1.js"></script>
<script type="text/JavaScript">
// 将需要轮播的图片放在 arr 数组中
    var arr=['img/haoshu.jpg','img/guanghui.jpg','img/pingfan.gif','img/shuxiang.jpg'];
    var k=0;
    var t;
    // 每过 1s，将 arr 中的值赋给 img 的 src 属性
    function changeSrc(){
      k++;
        if(k>3){// 如果到了最后一个图片，就重新从 0 号图片开始播放
            k=0;
        }
        var path=arr[k];
        $("#imgcontent img").attr('src',path);
        // 使用位置选择器改变子 div 的效果
        $("#imgcontent div").css('background',' ');
        $("#imgcontent div:eq("+k+")").css('background','orange')
        t=setTimeout(changeSrc,1000);
    }
    $(function(){
        t=setTimeout(changeSrc,1000);
        $("#imgcontent").mouseenter(function(){
          clearTimeout(t);
        })
        $("#imgcontent").mouseleave(function(){
          t=setTimeout(changeSrc,1000);
        })
    })
</script>
</head>
<body>
    <div id="imgcontent">
        <img src="img/shuxiang.jpg" width="760px" height="475px"/>
        <div style="right:80px;background:orange;">1</div>
        <div style="right:60px;">2</div>
        <div style="right:40px;">3</div>
        <div style="right:20px;">4</div>
```

```
    </div>
</body>
</html>
```

运行结果如图 8-17 所示。

图 8-17　图片轮播效果

注意： 这里使用了 mouseenter 和 mouseleave，也就是说，鼠标放置到轮播图上时，停止自动轮播，鼠标离开后，继续自动轮播。

8.3.5　div 自适应窗口高度效果

由于显示器的大小各不同，为了网页能更好地实现 div 大小自适应窗口大小。div 的高度在获取当前 window 窗口高度后自动匹配计算。

【实战举例 example8-14.html】div 自适应窗口高度效果实现。

```
<!DOCTYPE html>
<html>
<head>
    <meta charset="UTF-8">
    <title>jQuery-div 高度自适应 </title>
    <style type="text/css">
        *{
            padding:0;
            margin:0;
        }
        .header{  /* 头部样式设置 */
            height:100px;
            line-height:100px;
            background:#abcdef;
        }
        .content{  /* 主题内容区域样式设置 */
```

```
        margin-top:10px;
        overflow:hidden;
    }
    .content .left{    /* 主题内容区域左侧样式设置 */
        width:20%;
        height:100%;
        background:#abcdef;
        float:left;


    }
    .content .right{      /* 主题内容区域右侧样式设置 */
        width:80%;
        height:100%;
        background:#fff000;
        float:right;
    }

</style>
<script type="text/JavaScript" src="./js/jquery-3.4.1.js"></script>
<script type="text/JavaScript">
    function setHeight(){
        var winh=$(window).height();// 获取当前 window 高度
        $(".left").css("height",winh-110+"px");// 根据当前高度计算匹配高度
    }
    $(function(){
        setHeight();
    })
</script>
</head>
<body>
    <div class="header">Header</div>
    <div class="content">
        <div class="left">Left</div>
        <div class="right">Right</div>
    </div>
</body>
</html>
```

8.4　jQuery 常见动画

8.4.1　图片左右滚动动画

前面介绍的图片轮播，实质上是在一个图片标签中显示不同的图片，核心是图片路径的更改。图片左右滚动则可以实现图片根据需要向左移动或向右移动，本质是图片位移偏量的变化。

【实战举例 example8-15.html】图片左右滚动效果实现。

225

```
<!DOCTYPE html>
<html>
<head>
  <meta charset="UTF-8">
  <title> 图片无缝滚动 </title>
  <style type="text/css">
    .content{margin:0 auto;width:1200px;overflow:hidden;position: relative;}/* 父元素相对定位 */
    .left{background:darkred;width:50px;height:50px;font-size:30px; color:white;line-
height:45px;position: absolute;left:0px;top:225px;z-index: 999;}/* 左箭头 */
    .right{background:darkred;width:50px;height:50px;font-size:30px;color:white;line-height
:45px;position:absolute;right:0px;top:225px;z-index: 999;}/* 右箭头 */
    #imgContent{float:left;overflow:hidden;width:1200px;height:450px;position:relative;}/*
图片区域 */
    #showImages{width:4800px;position:absolute;left:0px;top:0px;}/* 在图片区域横向放置四
张图片 */
    #showImages img{width:1200px;height:450px;display:block;float:left;}/* 每页切换一张图片 */
  </style>
<script type="text/JavaScript" src="./js/jquery-3.4.1.js"></script>
<script type="text/JavaScript">
  // 首先需要在箭头上绑定事件，然后用 animate 方法实现隐藏 div 中的 div 移动的效果
  $(function(){/* 入口函数绑定事件 */
      bindEvent();
  })
  function bindEvent(){
    $(".left").bind('click',funLeft);/* 单击向左箭头 */
    $(".right").bind('click',funRight);/* 单击向右箭头 */
    var L=parseInt($("#showImages").css('left'));
    if(L<=-3600){/* 当移动到最左边一个图片时，箭头变换颜色，给予提示 */
      $(".left").css('color','#ccc');
      $(".right").css('color','white');
    }
    if(L>=0){/* 当移动到最右边一个图片时，箭头变换颜色，给予提示 */
      $(".right").css('color','#ccc');
      $(".left").css('color','white');
    }
    if(L>-3600&&L<0){
      $(".left").css('color','white');
      $(".right").css('color','white');
    }
  }
  function unbindEvent(){
    $(".left").unbind('click',funLeft);
    $(".right").unbind('click',funRight);
  }
  function funLeft(){
    var L=parseInt($("#showImages").css('left'));
    var endL=L-1200;
    console.log(endL);
```

扫码看视频

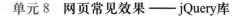

```
            if(endL<=0 && endL>=-3600){/* 图片进行左位移，直到最后一个图片 */
                endL=endL+'px';
                unbindEvent();
                $("#showImages").animate({left:endL},1000,bindEvent);/* 图片进行左位移偏量设置 */
            }
        }
        function funRight(){
            var L=parseInt($("#showImages").css('left'));
            var endL=L+1200;
            if(endL<=0){
                console.log(endL);
                endL=endL+'px';
                unbindEvent();
                $("#showImages").animate({left:endL},1000,bindEvent);/* 图片进行左位移偏量设置 */
            }
        }
    </script>
</head>
<body>
    <div class="content">
        <div class="left">&lt</div>
        <div id="imgContent"><!-- 图片区域 -->
            <div id="showImages"><!-- 需要展示的图片 -->
                <img src="img/lxjy.jpg"/>
                <img src="img/xsws.jpg"/>
                <img src="img/snjs.jpg"/>
                <img src="img/rqch.jpg"/>        </div>
        </div>
        <div class="right">  &gt</div>
    </div>
</body>
</html>
```

运行结果如图 8-18 所示。

图 8-18　图片左右滚动动画

说明： 这里的举例是一个图片进行左右滚动，也可以同时出现多个图片，只需要准确测算滚动位移，并进行相应位移更改即可。

8.4.2 下拉菜单动画

下拉菜单顾名思义，指的是导航条中的一级菜单和二级菜单，二级菜单的显示可以使用显示（show）与隐藏（hide）实现。

【实战举例 example8-16.html】将导航栏的二级菜单设计实现下拉和回收。

```
<!DOCTYPE html>
<html>
<head>
    <meta charset="UTF-8">
    <title> 下拉菜单 </title>
    <style type="text/css">
        *{
            list-style-type: none;/* 无序列表项 type 为 none*/
            margin: 0;
            padding: 0;
            text-decoration:none;
        }
        /* 主导航栏，采用通栏方式 */
        .ph_nav{
            height: 50px;
            background-color: darkblue;
            color: #FFFFFF;
            margin: 15px auto;
        }
        /* 导航区域超链接样式设置 */
        .ph_nav_ul li:link,li:visited{
            color: #ffdcab;
        }
        /* 导航区域超链接样式设置 */
        .ph_nav_ul li:hover{
            color:white;
        }
        /* 设置无序列表样式 */
        .ph_nav_ul{
            height: 50px;
            width: 1020px;/* 无序列表必须设置宽度，方便后面的居中设置，实际中可以根据导航
栏目个数进行调整 */
            margin: 0px auto;
        }
        /* 导航区域样式设置 */
        .ph_nav_ul li{
            float: left;  /* 导航区域列表项左浮动，实现横向排列 */
            font-size: 25px;
```

扫码看视频

```
                line-height: 50px;
                height: 50px;
                width: 170px;
                text-align: center;
                position: relative;
            }
            li>ul{
                display: none;/* 先将导航条的二级菜单隐藏，jQuery 中实现平滑下拉 */
                position: absolute;
                height: 150px;
                z-index: 999;
                background-color: darkblue;
            }
    </style>
    <script type="text/JavaScript" src="./js/jquery-3.4.1.js"></script>
    <script type="text/JavaScript" ">
        $(function () {
            $('.ph_nav_ul li').mouseover(function () {
                $(this).children("ul").show();  /* 鼠标移到一级菜单上时，二级菜单打开 */
            })
            $('.ph_nav_ul li').mouseout(function () {
                $(this).children("ul").hide();   /* 鼠标离开一级菜单上时，二级菜单关闭 */
            })
        })
    </script>
</head>
<body>
    <div class="ph_nav">
        <ul class="ph_nav_ul">
            <li> 首页 </li>
            <li> 文学综合
                <ul>
                    <li> 小说 </li>
                    <li> 文学 </li>
                    <li> 传记 </li>
                </ul>
            </li>
            <li> 儿童读物
                <ul>
                    <li>0-2 岁 </li>
                    <li>3-6 岁 </li>
                    <li>7-10 岁 </li>
                </ul>
            </li>
            <li> 教辅书目
                <ul>
                    <li> 小学 </li>
                    <li> 初中 </li>
```

```
                <li> 高中 </li>
            </ul>
        </li>
        <li> 考试中心
            <ul>
                <li> 雅思 </li>
                <li> 托福 </li>
                <li> 研究生 </li>
            </ul>
        </li>
        <li> 生活园地
            <ul>
                <li> 花卉 </li>
                <li> 宠物 </li>
                <li> 育儿 </li>
            </ul>
        </li>
    </ul>
  </div>
</body>
</html>
```

运行结果如图 8-19 所示。

图 8-19 下拉菜单动画

8.5 jQuery AJAX

扫码看视频

8.5.1 AJAX 简介

AJAX 的全称是 Asynchronous JavaScript and XML，翻译为异步 JavaScript 和 XML。它并不是一种单一的技术，而是有机地利用了一系列交互式网页应用相关技术形成的结合体。

它也可以称为网页的异步通信，JavaScript 或者 jQuery 可以直接发送 HTTP 请求到服务器，通过在后台与服务器进行少量数据交换，AJAX 可以使网页实现异步更新。简单来说，在不重载整个网页的情况下，AJAX 通过后台加载数据，并在网页上进行显示。比如对于一个网页上的登录功能，如果没有采用 AJAX 技术，前端页面更新后端返回来的数据时，整个页面都会被刷新。也就是说，凡是想要在前端页面显示后端返回来的信息，都要刷新"整个页面"。但如果使用 AJAX 技术，只需要刷新登录栏目那一部分即可，其他部分都不用刷新。

jQuery 提供多个与 AJAX 有关的方法。常用的方法主要有 load（）、post（）、get（）、getJSON（）、getScript()、ajax（）等。事实上，前面几种方法从本质上来说都是使用 ajax() 方法来实现的。换句话来说，它们都是 ajax() 方法的简化版，它们能实现的功能，ajax() 都能实现，因为 ajax() 是最底层的方法。通过这些方法，就能使用 HTTP get 和 HTTP post 从远程服务器上请求文本、HTML、XML 或者 JSON，同时能够实现这些外部数据直接载入网页的被选元素中。

8.5.2　AJAX 综合练习

AJAX 的使用语法：

`$.ajax(options)`

$.ajax() 方法只有一个参数，这个参数是一个对象。该对象中包含了 AJAX 请求所需要的各种信息，并且以"键值对"的形式存在。options 是一个对象，这个对象内部有很多参数可以设置，所有参数都是可选的，见表 8-10。

表 8-10　AJAX 方法的参数

参　　数	说　　明
url	被加载的页面地址
type	数据请求方式，"get"或"post"，默认为"get"
data	发送到服务器的数据，可以是字符串或对象
dataType	服务器返回数据的类型，如：text、html、script、json、xml
beforeSend	发送请求前可以修改 XMLHttpRequest 对象的函数
complete	请求"完成"后的回调函数
success	请求"成功"后的回调函数
error	请求"失败"后的回调函数
timeout	请求超时的时间，单位为 ms
global	是否响应全局事件，默认为 true（即响应）
async	是否为异步请求，默认为 true（即异步）
cache	是否进行页面缓存，true 表示缓存，false 表示不缓存

【实战举例 example8-17.html】通过 $.ajax() 方法获取后台 XML 文件中的数据，并以表格形式展示。

1）student.xml 文件代码如下：

```
<?xml version="1.0" encoding="UTF-8"?>
<stulist>
  <student>
    <id>320201</id>
    <name> 李珊珊 </name>
    <email>"li@qq.com"</email>
  </student>
  <student>
```

```
    <id>320202</id>
    <name> 张灿灿 </name>
    <email>"zhang@qq.com"</email>
  </student>
  <student>
    <id>320203</id>
    <name> 王一一 </name>
    <email>"wang@qq.com"</email>
  </student>
</stulist>
```

2）list. html 文件代码如下：

```html
<!DOCTYPE html>
<html>
  <head>
    <meta charset="UTF-8">
    <title>AJAX 方法数据获取 </title>
    <script src="js/jquery-3.4.1.js"></script>
    <style type="text/css">
      #tabletest{/* 对表格设置样式 */
        border:#01B8F1;
        text-align: center;
      }
      .id{
        color: red;
        width:150px
      }
      .name{
        color:deepskyblue;
        width: 200px;
      }
      .email{
        color:deepskyblue;
        width: 300px;
      }
    </style>
    <script type="text/javascript">
      $(function() {
        $("button").click(function(){
          $.ajax({
          url: 'student.xml',/* 从 XML 文件中获取数据 */
          type: 'GET',
          dataType: 'xml',
          timeout: 1000,
          cache:false,
          error: function(data){
            alert(' 加载 XML 文档出错 ');
```

```
                },
                success: function(re){/* 获取内容存储在 re 中 */
                    $(re).find('student').each(function () {
                        var id = $(this).find('id').text();
                        var name = $(this).find('name').text();
                        var email = $(this).find('email').text();
                        tr='<td class="id">'+id+'</td> '+'<td class="name">'+name+'</td>'+
'<td class="email">'+email+'</td>';/* 每一行的数据 , 为每一个 td 设置 class , 可以进行样式设计 */
                        $("#tabletest").append('<tr>'+tr+'</tr>');/* 将行添加到表格后面 */
                    })
                }
            });
        });
    </script>
</head>
<body>
    <button> 加载 </button>
    <table class="table table-bordered" id='tabletest' border="1" >
        <tr>
            <th> 学号 </th>
            <th> 姓名 </th>
            <th> 邮件地址 </th>
        </tr>
    </table>
</body>
</html>
```

运行结果如图 8-20 所示。

图 8-20　AJAX 使用

单元总结

本单元主要对 jQuery 框架样式定义和使用进行了介绍，主要知识点如图 8-21 所示。

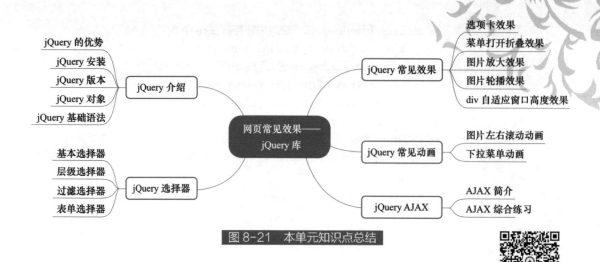

图 8-21　本单元知识点总结

扫码看视频

习 题

一、选择题

1.（单选）下面哪种不是 jQuery 的选择器（　　）。

A．基本选择器　　　　　　　　　　B．层次选择器

C．CSS 选择器　　　　　　　　　　D．表单选择器

2.（单选）下面哪一个是用来追加到指定元素的末尾的（　　）。

A．insertAfter()　B．append()　　C．appendTo()　D．after()

3.（单选）下面哪一个不是 jQuery 对象访问的方法（　　）。

A．each()　　　　B．size()　　　　C．length　　　　D．onclick()

4.（单选）在 jQuery 中想要找到所有元素的同辈元素，下面哪一个是可以实现的（　　）。

A．eq(index)　　　　　　　　　　　B．find(expr)

C．siblings([expr])　　　　　　　　D．next()

5.（单选）如果需要匹配包含文本的元素，用下面哪种来实现（　　）。

A．text()　　　　　B．contains()　　C．input()　　　D．attr(name)

6.（单选）如果想要找到一个表格的指定行数的元素，用下面哪个方法可以快速找到指定元素（　　）。

A．text()　　　　　B．get()　　　　C．eq()　　　　　D．contents()

7.（单选）下面哪种不属于 jQuery 的筛选（　　）。

A．过滤　　　　　B．自动　　　　C．查找　　　　　D．串联

8.（单选）在 jQuey 中，如果想要从 DOM 中删除所有匹配的元素，下面哪一个是正确的（　　）。

A．delete()　　　　B．empty()　　　C．remove()　　　D．removeAll()

9.（单选）在 jQuery 中想要实现通过远程 http get 请求载入信息功能的是下面的哪个事件（　　）。

    A. $.ajax()   B. load(url)

    C. $.get(url)   D. $. getScript(url)

拓展实训

1. 编写一段代码请使用 jQuery 将页面上的所有元素边框设置为 2px 宽的虚线。

2. 制作一个如图 8-22 所示的页面，要求：

1）默认情况下，图片轮播，也可以通过使用键盘上的左右键来实现图片及图片右下角按钮的切换。

2）按钮背景色为粉色时为选中状态，灰色为未选中状态。

图 8-22   效果图

单元 9
综合案例——设计电子图书网站的首页 ■■■■

学习目标

1．知识目标

综合应用 HTML、CSS3、JavaScript 语言、jQuery 库；

2．能力目标

（1）熟练使用 HTML 元素；

（2）熟练使用 CSS3 进行网页布局和样式设计；

（3）熟练应用 JavaScript 基础知识、jQuery 库开发交互效果页面。

3．素质目标

（1）具有质量意识、安全意识、工匠精神和创新思维；

（2）具有集体意识和团队合作精神；

（3）具有界面设计审美和人文素养；

（4）熟悉软件开发流程和规范，具有良好的编程习惯。

本单元将完成一个完整的电子图书网站首页，如图 9-1 所示，综合练习网页布局、浮动、定位等常用 CSS 样式设计。通过完成顶部、导航条、广告区域、列表布局、底部等区域的内容和样式设计，帮助学生完成一个完整网页，进而对 Web 前端开发有一个整体的认识。

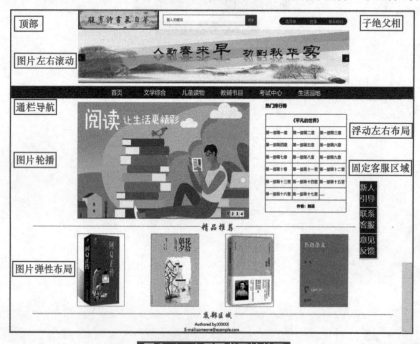

图 9-1 电子图书网站首页

9.1　顶部设计与实现

　　一般网站在通栏设计的基础上，添加一个盒模型并设置宽度和居中，这个盒模型就作为顶部区域。盒模型中一般放置网站 logo、搜索区域、快捷导航栏等内容，这些内容均采用子绝父相的定位方式，方便根据实际需要并兼容浏览器的同时，保证在不同尺寸浏览器下顶部显示不变形。

9.1.1　顶部区域 HTML 部分代码

```html
<!DOCTYPE html>
<html>
<head>
    <meta charset="UTF-8">
    <title> 电子图书首页 </title>
    <link rel="shortcut icon" href="favicon.ico" type="image/x-icon"/>
</head>
<body>
    <div class="top">
        <div class="topcontent">
            <div class="logo">
                <img src="img/logo.jpg"height="80px"width="360px"/>
            </div>
            <div class="search">
                <input type="text" placeholder=" 输入关键词 "></input>
                <button> 搜索 </button>
            </div>
            <div class="childnav">
                <ul class="register">
                    <li><a href="#"> 请注册 </a></li>
                    <li><a href="#"> 登录 </a></li>
                    <li><a href="#"> 联系我们 </a></li>
                </ul>
            </div>
        </div>
    </div>
</body>
</html>
```

　　说明： 通常在浏览一些网页的时候，会发现网页 title 的前面有一个网站标志性图标，如京东网站的🅹🅳。只需在网站的根目录放一个命名为 ××.ico 的图标，然后在 <head> 区域添加如下代码即可：

```html
<link rel="shortcut icon" href="favicon.ico" type="image/x-icon"/>
```

9.1.2　顶部区域 CSS 部分代码

```css
<style type="text/css">
        /* 网页样式初始化 *，一般写在 CSS 样式的 base.css 中 */
```

```css
*{
    list-style-type: none;/* 无序列表项 type 为 none*/
    margin: 0;
    padding: 0;
    text-decoration:none;/* 取消文本下划线 */
}
/* 顶部通栏样式设置 */
top{
    height: 80px;
    margin: 15px auto;
}
/* 顶部中间区域盒模型样式设置 */
.topcontent{
    height: 80px;
    width: 1200px;
    position: relative;/* 父级元素为相对定位，相对浏览器 */
    margin: 0 auto;/* 父盒子居中对齐 */
}
/* 通栏中 logo 图片样式 */
.logo{
    width: 360px;
    height: 80px;
    position: absolute;/*logo 绝对定位 */
}

/* 通栏中 search 搜索区域样式设置 */
.search{
    width: 422px;
    height: 42px;
    margin-top: 20px;
    position: absolute;/*search 区域绝对定位 */
    left: 380px;
}
/* 搜索区域中输入文本框样式设置 */
.search input{
    float: left;  /*input 搜索文本框区域左浮动 */
    width: 345px;
    height: 40px;
    border: 1px solid #BA261A;
    border-right: 0;
    color: #bfbfbf;
    font-size: 14px;
    padding-left: 15px;
}
/* 搜索区域中按钮样式设置 */
.search button{
    float: left;/* 搜索区域按钮左浮动 */
    width: 50px;
```

```css
        height: 43px;
        border: 0;
        background-color: #BA261A;
        color: #FFFFFF;
    }
    /* 快捷导航区域样式设置 */
    .childnav{
        width: 360px;
        height: 30px;
        background-color: #8B0000;
        margin-top: 10px;
        border-radius: 15px;/* 设置一个圆角样式 */
        position: absolute;/* 快捷导航设置绝对定位 */
        right:10px;
        top: 20px
    }
    /* 快捷导航区的列表样式设置 */
    .register li{
        float: left;
        text-align: center;
        padding-top: 5px;
        width: 120px;
    }
    /* 快捷导航区文本超链接样式设置 */
    .register li a:link
    {
        color: white;
        text-decoration: none;
    }
    .register li a:hover
    {
        color: orangered;
        text-decoration: none;
    }
</style>
```

9.2　图片左右轮换设计与实现

图片左右轮换比较常见于功能性网站，通常是几个大的主题图片左右轮换进行播放，一般由 jQuery 效果实现。综合性网站则是设为广告轮播，可以与 9.2.2 节内容结合使用。

9.2.1　图片左右轮换 HTML 部分代码

```html
<!DOCTYPE html>
<html>
<head>
    <meta charset="UTF-8">
    <title> 电子图书首页 </title>
```

```
    <script type="text/JavaScript" src="./js/jquery-3.4.1.js"></script>
    <script type="text/JavaScript" src="js/zuoyougundong.js"></script>
</head>
<body>
    <div class="content">
        <div class="left">&lt</div>
        <div id="imgContent"><!-- 图片区域 -->
        <div id="showImages"><!-- 需要展示的图片 -->
        <img src="img/lxjy.jpg"/ >
        <img src="img/xsws.jpg"/>
        <img src="img/snjs.jpg"/>
        <img src="img/rqch.jpg"/>
        </div>
        </div>
        <div class="right">  &gt</div>
    </div>
</body>
</html>
```

9.2.2　图片左右轮换 CSS 部分代码

```
<style type="text/css">
    *{
        list-style-type: none;/* 无序列表项 type 为 none*/
        margin: 0;
        padding: 0;
        text-decoration:none;
    }
    /* 以下区域为图片左右滚动 */
    .content{
        margin:0 auto;
        width:1200px;
        height:220px;
        overflow:hidden;/* 清除浮动，不要对后面的元素有影响 */
        position: relative;/* 父元素相对定位 */
    }
    /* 图片左右轮换区域的左箭头样式设置 */
    .left{
        background:darkred;
        width:30px;
        height:30px;
        font-size:20px;
        color:white;
        line-height:30px;
        position: absolute;/* 左箭头子元素绝对定位 */
        left:0px;
        top:100px;
        z-index: 999;
    }
```

```
/* 图片左右轮换区域的左箭头样式设置 */
.right{
    background:darkred;
    width:30px;
    height:30px;
    font-size:20px;
    color:white;
    line-height:30px;
    position:absolute;
    right:0px;
    top:100px;
    z-index: 999;
    }/* 两个箭头的大多数样式是相同的, 也可以在 HTML 中将它们定义为同一类, 对各自的
图片或者文字再分别定义 ID 或者 class, 给出定位位置即可 */
    /* 图片左右轮换区域中图片样式设置 */
#imgContent{
    float:left;
    overflow:hidden;
    width:1200px;
    height:220px;
    position:relative;
    }
#showImages{
    width:4800px;
    position:absolute;
    left:0px;
    top:0px;}/* 在图片区域横向放置四张图片 */
#showImages img{
    width:1200px;
    height:220px;
    display:block;
    float:left;
    }/* 每页切换一张图片 */
```

9.2.3 单击“向左”“向右”小图标的 JavaScript 代码

代码保存在 zuoyougundong.js 文件中。

```
// 以下是图片左右滚动
// 首先需要在箭头上绑定事件, 然后用 animate 方法实现隐藏 div 中的 div 移动的效果
$(function(){/* 入口函数绑定事件 */
    bindEvent();
})
function bindEvent(){
    $(".left").bind('click',funLeft);/* 单击向左箭头 */
    $(".right").bind('click',funRight);/* 单击向右箭头 */
    var L=parseInt($("#showImages").css('left'));
    if(L<=-3600){/* 当走到最左边一个图片时, 箭头变换颜色, 给予提示 */
        $(".left").css('color','#ccc');
        $(".right").css('color','white');
```

```
        }
        if(L>=0){/* 当走到最右边一个图片时，箭头变换颜色，给予提示 */
                $(".right").css('color','#ccc');
                $(".left").css('color','white');
        }
        if(L>-3600&&L<0){
                $(".left").css('color','white');
                $(".right").css('color','white');
        }
    }
    function unbindEvent(){
        $(".left").unbind('click',funLeft);
        $(".right").unbind('click',funRight);
    }
    function funLeft(){
        var L=parseInt($("#showImages").css('left'));
        var endL=L-1200;
        console.log(endL);
        if(endL<=0 && endL>=-3600){/* 图片进行左位移，直到最后一个图片 */
            endL=endL+'px';
            unbindEvent();
            $("#showImages").animate({left:endL},1000,bindEvent);/* 图片进行左位移偏量设置 */
        }
    }
    function funRight(){
        var L=parseInt($("#showImages").css('left'));
        var endL=L+1200;
        if(endL<=0){
          console.log(endL);
            endL=endL+'px';
            unbindEvent();
            $("#showImages").animate({left:endL},1000,bindEvent);/* 图片进行左位移偏量设置 */
        }
    }
```

9.3 网站导航栏设计与实现

导航栏的设计有很多方法，现在网站比较常用的为设计一个通栏，然后利用无序列表实现导航内容设计，使用 jQuery 的 slideDown() 方法和 slideUp() 方法，使菜单平滑下拉。也有一些网站使用 show() 和 hide()，使菜单显示和隐藏。

9.3.1 导航栏 HTML 文档代码

```
<!DOCTYPE html>
<html>
<head>
    <meta charset="UTF-8">
    <title> 电子图书首页 </title>
```

```html
<script type="text/JavaScript" src="./js/jquery-3.4.1.js"></script>
<script type="text/JavaScript" src="js/xiala.js"></script>
</head>
<body>
    <div class="ph_nav">
        <ul class="ph_nav_ul">
            <li> 首页 </li>
            <li> 文学综合
                <ul>
                    <li> 小说 </li>
                    <li> 文学 </li>
                    <li> 传记 </li>
                </ul>
            </li>
            <li> 儿童读物
                <ul>
                    <li>0-2 岁 </li>
                    <li>3-6 岁 </li>
                    <li>7-10 岁 </li>
                </ul>
            </li>
            <li> 教辅书目
                <ul>
                    <li> 小学 </li>
                    <li> 初中 </li>
                    <li> 高中 </li>
                </ul>
            </li>
            <li> 考试中心
                <ul>
                    <li> 雅思 </li>
                    <li> 托福 </li>
                    <li> 研究生 </li>
                </ul>
            </li>
            <li> 生活园地
                <ul>
                    <li> 花卉 </li>
                    <li> 宠物 </li>
                    <li> 育儿 </li>
                </ul>
            </li>
        </ul>
    </div>
</body>
</html>
```

9.3.2 导航栏 CSS 代码

```css
<style type="text/css">
    *{
```

```css
            list-style-type: none;/* 无序列表项 type 为 none*/
            margin: 0;
            padding: 0;
            text-decoration:none;
        }
        /* 主导航栏，采用通栏方式 */
        .ph_nav{
            height: 50px;
            background-color: #2F4F4F;
            color: #FFFFFF;
            margin: 15px auto;
        }
        /* 导航区域超链接样式设置 */
        .ph_nav_ul_li:link,li:visited{
            color: #ffdcab;
        }
        /* 导航区域超链接样式设置 */
        .ph_nav_ul_li:hover{
            color:white;
        }
        /* 设置无序列表样式 */
        .ph_nav_ul{
            height: 50px;
            width: 1020px;/* 无序列表必须设置宽度，方便后面的居中设置，实际中可以根据导航栏
目个数进行调整 */
            margin: 0px auto;
        }
        /* 导航区域样式设置 */
        .ph_nav_ul li{
            float: left;  /* 导航区域列表项左浮动，实现横向排列 */
            font-size: 25px;
            line-height: 50px;
            height: 50px;
            width: 200px;
            text-align: center;
            position: relative;
        }
        li>ul{
            display: none;/* 先将导航条的二级菜单隐藏，jQuery 中实现平滑下拉 */
            position: absolute;
            height: 150px;
            z-index: 999;
            background-color: #2F4F4F;
        }
    </style>
```

9.3.3 导航栏菜单下拉 JavaScript 代码

代码保存在 xiala.js 文件中。

```javascript
$(function () {
        $('.ph_nav_ul li').mouseover(function () {
```

```
        $(this).children("ul").show();  /* 鼠标移到一级菜单上时，二级菜单打开 */
    })
    $('.ph_nav_ul li').mouseout(function () {
        $(this).children("ul").hide();   /* 鼠标离开一级菜单上时，二级菜单关闭 */
    })
})
```

9.4　轮播区域设计与实现

首先需要明确，轮播区域一般比较常见的是综合网站的广告图片轮播，所以轮播图盒子通常与其余盒子以浮动的形式布局，然后在各自的盒子中实现不同的功能。本网站做了左右浮动，左边为轮播图片，右边为热门排行榜。

9.4.1　轮播区域 HTML 文档代码

```html
<!DOCTYPE html>
<html>
<head>
    <meta charset="UTF-8">
    <title> 电子图书首页 </title>
    <script type="text/JavaScript" src="./js/jquery-3.4.1.js"></script>
    <script type="text/JavaScript" src="js/lunbo.js"></script>
</head>
<body>
    <div class="lbcontent">
        <div class="imgcontent">
            <img src="img/haoshu.jpg"width="760px" height="475px"/>
            <div style="right:80px;background:orange;">1</div>
            <div style="right:60px;">2</div>
            <div style="right:40px;">3</div>
            <div style="right:20px;">4</div>
        </div>
        <div class="hotdiscribe">
        <h3> 热门排行榜 </h3>
        <br/>
        <table align="center" border="1" cellspacing="0" cellpadding="0" style="color: black">
            <thead>
                <tr>
                    <td colspan="3" align="center">
                        <h3><a href="#"> 《平凡的世界》 </a></h3>
                    </td>
                </tr>
            </thead>
            <tbody>
                <tr>
                    <td><a href="#"> 第一部第一章 </a></td>
                    <td><a href="#"> 第一部第二章 </a></td>
                    <td><a href="#"> 第一部第三章 </a></td>
                </tr>
```

```
                <tr>
                    <td><a href="#"> 第一部第四章 </a></td>
                    <td><a href="#"> 第一部第五章 </a></td>
                    <td><a href="#"> 第一部第六章 </a></td>
                </tr>
                <tr>
                    <td><a href="#"> 第一部第七章 </a></td>
                    <td><a href="#"> 第一部第八章 </a></td>
                    <td><a href="#"> 第一部第九章 </a></td>
                </tr>
                <tr>
                    <td><a href="#"> 第一部第十章 </a></td>
                    <td><a href="#"> 第一部第十一章 </a></td>
                    <td><a href="#"> 第一部第十二章 </a></td>
                </tr>
                <tr>
                    <td><a href="#"> 第一部第十三章 </a></td>
                    <td><a href="#"> 第一部第十四章 </a></td>
                    <td><a href="#"> 第一部第十五章 </a></td>
                </tr>
                <tr>
                    <td><a href="#"> 第一部第十六章 </a></td>
                    <td><a href="#"> 第一部第十七章 </a></td>
                    <td><a href="#">......</a></td>
                </tr>
            </tbody>
            <tfoot>
                <tr>
                    <td colspan="3" align="center">
                        <h4> 作者：路遥 </h4>
                    </td>
                </tr>
            </tfoot>
        </table>
    </div>
  </div>
</body>
</html>
```

9.4.2 轮播区域 CSS 代码

```
<style type="text/css">
    *{
        list-style-type: none;/* 无序列表项 type 为 none*/
        margin: 0;
        padding: 0;
        text-decoration:none;
    }
    /* 轮播整个区域样式设置 */
    .lbcontent{
        width: 1200px;
```

```
        margin: 0 auto;
        overflow: hidden;
    }
    /* 左边图片轮播区域样式设置 */
    .imgcontent{
        width:760px;
        height: 475px;
        border:1px solid orange;
        position: relative;/* 图片区域父盒子相对定位，用于下发轮播数字或者按钮定位 */
        float: left;
    }
    /* 图片轮播区域中的轮播数字样式设置 */
    .imgcontent div{
        border:1px solid orange;
        background:#f3f3f3;
        padding:1px 5px;
        position:absolute;/* 轮播数字绝对定位 */
        bottom:8px;
        font-weight:bold;
    }
    /* 右边热门排行榜区域样式设置 */
    .hotdiscribe{
        height: 264px;
        width: 365px;
        float: left;/* 文字内容左浮动 */
        margin-left: 70px
    }
    tr{
        height: 50px;/* 表格给一个行高 */
    }
</style>
```

9.4.3   轮播区域图片自动轮播 JavaScript 代码

代码保存在 lunbo.js 文件中。

```
// 将需要轮播的图片放在 arr 数组中
    var arr=['img/haoshu.jpg','img/guanghui.jpg','img/yd.jpg','img/shuxiang.jpg'];
    var k=0;
    var t;
    // 每过 1s，将 arr 中的值赋给 img 的 src 属性
    function changeSrc(){
      k++;
        if(k>3){// 如果到了最后一个图片，就重新从 0 号图片开始播放
          k=0;
    }
    var path=arr[k];
    $(".imgcontent img").attr('src',path);
    // 使用位置选择器改变子 div 的效果
    $(".imgcontent div").css('background',' ');
    $(".imgcontent div:eq("+k+")").css('background','orange')
    t=setTimeout(changeSrc,1000);
```

```
        }
    $(function(){
        t=setTimeout(changeSrc,1000);
        $(".imgcontent").mouseenter(function(){
            clearTimeout(t);
        })
        $(".imgcontent").mouseleave(function(){
            t=setTimeout(changeSrc,1000);
        })
    })
```

9.5　客服区域设计与实现

通常一个网站中总会有一个飘动在页面中的客服区域，有的网页中这一区域固定在右下角，有的网页固定在右上角，也有一些网页固定在某一特定区域。不论客服区域固定在哪个位置，实现方法都是一样的。

9.5.1　客服区域 HTML 文档代码

```html
<!DOCTYPE html>
<html>
<head>
    <meta charset="UTF-8">
    <title> 电子图书首页 </title>
</head>
<body>
    <div class="cs">
        <div class="newcomer"> 新人引导 </div>
        <div class="cservice"> 联系客服 </div>
        <div class="feedback"> 意见反馈 </div>
    </div>
</body>
</html>
```

说明： 客服区域的内容可以很丰富，比如文字、图片、图标等，此处主要讲解位置放置。

9.5.2　客服区域 CSS 代码

```css
<style type="text/css">
    *{
        list-style-type: none;/* 无序列表项 type 为 none*/
            margin: 0;
            padding: 0;
            text-decoration:none;
        }
    /* 设计一个在页面右下方固定的客服联系区域 */
    .cs{
        height: 153px;
        position: fixed;  /* 固定定位 */
        bottom: 0;
```

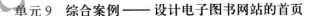

```
            right:0;
            width: 38px;
            background-color:gray;
            color: white;
        }
        /* 客服区域三个内容设计 */
        .newcomer,.cservice,.feedback{
            height: 50px;
            width: 38px;
            border: 1px solid gainsboro;
        }
    </style>
```

9.6　精品图书推荐区域设计与实现

购物网站的一行多个商品展示、功能性网站或者业务网站的一行多个业务展示，通常采用浮动或者弹性布局完成。

9.6.1　精品图书推荐区域 HTML 文档代码

```html
<!DOCTYPE html>
<html>
<head>
    <meta charset="UTF-8">
    <title> 电子图书首页 </title>
</head>
<body>
    <div class="fgx">
        <div class="tjicon">
            <img src="img/jptj.png" />
        </div>
    </div>
    <div class="contentjp">
        <div class="jpbox">
            <img src="img/aqzz.jpg" />
        </div>
        <div class="jpbox">
            <img src="img/lx.jpg" />
        </div>
        <div class="jpbox">
            <img src="img/wdpy.jpg" />
        </div>
        <div class="jpbox">
            <img src="img/lxzw.jpg" />
        </div>
    </div>
</body>
</html>
```

9.6.2　精品图书推荐区域 CSS 代码

```css
<style type="text/css">
```

```
*{
    list-style-type: none;/* 无序列表项 type 为 none*/
    margin: 0;
    padding: 0;
    text-decoration:none;
}
/* 水平分割线样式设置，为了分割线漂亮，一般不用 hr，而是使用盒子进行样式设置 */
.fgx{   /**/
    clear: both;
    width: 1600px;
    margin: 30px auto;
    border-top: 1px solid gray;
    position: relative;
    }
/* 压在分割线上的图片样式设置 */
.tjicon{
    position: absolute;/* 子绝父相定位设计 */
    left:750px;
    top:-20px;
    }
/* 弹性布局容器样式设置 */
.contentjp{
    clear: both;
    margin:  0 auto;
    width: 1200px;
    height: 297px;
    display: flex;/* 弹性布局 */
    justify-content: space-between;/* 项目对齐方式 */
    flex-wrap: wrap;/* 需要换行 */
}
/* 弹性布局项目样式设置 */
.jpbox{
    flex-basis: 210px;/* 项目尺寸 */
    height: 295px;
    border: 1px solid red;
    background-color: pink;
}
.jpbox img{
    width:210px;
    height: 295px;;
}
</style>
```

9.7 底部设计与实现

底部的设计比较简单，主要包含版权信息、联系方式等信息。

9.7.1 底部 HTML 文档代码

`<!DOCTYPE html>`

```
<html>
<head>
    <meta charset="UTF-8">
    <title> 电子图书首页 </title>
</head>
<body>
    <div class="fgx">
        <div class="tjicon">
            <img src="img/dbqy.png"/>
        </div>
    </div>
    <div class="footer">
        <p>Authored by:XXXXX </p>
        <p>E-mail:someone@example.com</p>
    </div>
</body>
</html>
```

9.7.2　底部 CSS 代码

```
<style type="text/css">
        *{
            list-style-type: none;/* 无序列表项 type 为 none*/
            margin: 0;
            padding: 0;
            text-decoration:none;
        }
        /* 水平分割线样式设置，为了分割线漂亮，一般不用 hr，而是使用盒子进行样式设置 */
        .fgx{  /**/
            clear: both;
            width: 1600px;
            margin: 30px auto;
            border-top: 1px solid gray;
            position: relative;
        }
        /* 压在分割线上的图片样式设置 */
        .tjicon{
            position: absolute;/* 子绝父相定位设计 */
            left:750px;
            top:-20px;
        }
        .footer p{
            text-align: center;
        }
    </style>
```

参 考 文 献

[1] 工业和信息化部教育与考试中心. Web 前端开发 [M]. 北京: 电子工业出版社，2019.

[2] 未来科技. HTML5+CSS3+JavaScript 从入门到精通 [M]. 北京: 中国水利水电出版社，2019.

[3] 黑马程序员. 响应式 Web 开发项目教程: HTML5+CSS3+Bootstrap [M]. 北京: 人民邮电出版社，2016.

[4] 王刚. HTML5+CSS3+JavaScript 前端开发基础 [M]. 北京: 清华大学出版社，2019.

[5] 谭丽娜，陈天真，郭倩蓉. Web 前端开发技术: jQuery+Ajax [M]. 北京: 人民邮电出版社，2019.

[6] 周文洁. JavaScript 与 jQuery 网页前端开发与设计 [M]. 北京: 清华大学出版社，2018.

[7] 张海藩. 软件工程导论 [M]. 5 版. 北京: 清华大学出版社，2012.

[8] CASTRO E，HYSLOP B. HTML5 与 CSS3 基础教程 [M]. 8 版. 望以文，译. 北京: 人民邮电出版社，2014.